N 국가직무능력표준시리즈 **109**

기계소프트웨어설계
유공압 제어 3
[유압제어]

고용노동부 · 한국산업인력공단

Jinhan M&B

차 례

능력단위 교재의 개요 ··· 3

단원명 1 제어회로 구성하기 ··· 6
  1-1 유공압 장치의 구성 ·· 6
  1-2 유압 장치 제어 ·· 25
  1-3 유압 회로 구성 방법 ·· 63
  1-4 전기 유압 회로 구성 방법 ··· 125
  교수방법 및 학습활동 ·· 129
  평가 ··· 130

단원명 2 시험운전하기 ··· 134
  2-1 전기시퀀스 기초회로 ·· 134
  2-2 솔레노이드 밸브를 이용한 전기 유압 회로 ······························ 138
  교수방법 및 학습활동 ·· 170
  평가 ··· 171

학습 정리 ··· 175

종합 평가 ··· 178

참고자료 및 사이트 ··· 182

유공압 제어3 (유압제어) 교재 개요

능력단위 학습목표
- 유공압 부품의 종류에 따른 배선 방법 및 구성 기기간의 관계를 이해하고 이를 토대로 배선도를 작성할 수 있다.
- 유공압 제어기와 주변 시스템과의 인터페이스를 설계할 수 있다.
- 부품의 특성에 따른 설치방법을 파악하고 부품 설치에 요구되는 조건 및 성능을 충족하여 작동할 수 있도록 설치할 수 있다.
- 기계적 도면에 근거하여 액추에이터의 기구적 설치를 할 수 있다.
- 배선도에 근거하여 액추에이터와 관련된 부분의 기본적 전기 배선 및 배관을 할 수 있다.

선수학습
- 동력의 선정을 위하여 요구되는 기구적, 전기적 그리고 환경적인 요인 등의 내용을 수집, 정리하고 관련자에게 제공할 수 있는 지식을 학습한다.
- 시스템에서 요구되는 사항들을 파악하여 제어의 목적과 용도에 따라 기능을 만족할 수 있도록 제어 방법을 판단할 수 있는 지식을 학습한다.
- 선정된 매체의 종류에 따라 표준화된 계산 공식을 토대로 실린더와 밸브 그리고 이들의 제어 및 구동에 필요한 컨트롤러의 사양을 결정할 수 있는 지식을 학습한다.
- 설정된 결과물을 관련자가 이해할 수 있도록 정리하여 제공할 수 있는 지식을 학습한다.
- 정해진 납기 및 요구 사항의 충족을 위하여 주어진 기간 내에 유공압 제어에 관련된 부품의 수급 및 제작계획을 수립할 수 있는 지식을 학습한다.

교육훈련내용 및 훈련시간

단원명	세부 단원명	교육훈련시간
1. 제어회로 구성하기	1-1. 유공압 장치의 구성 1-2. 유 압 장치 제어 1-3. 유 압 회로 구성 1-4. 전기유압 부회로 구성	34
2. 시험 운전하기	2-1. 전기 시퀀스 기초회로 2-2. 솔레노이드 밸브 이용한 전기 유압 회로	34

유공압 제어3(유압제어)

색인 목록

항목	페이지
오일탱크	7
릴리프 밸브	7
유량제어밸브	7
압력제어밸브	16
점도지수	12
유압 동력원	16
유압 펌프	25
펌프 동력	26
기어 펌프	27
스크루 펌프	28
게로터 펌프	29
베인 펌프	29
피스톤 펌프	30
캐비테이션	32
서지압력	33
크래킹 압력	35
채터링	35
압력 오버라이드	36
감압 밸브	37
시퀀스 밸브	48
카운터밸런스 밸브	40
무부하 밸브	40
압력스위치	40
교축 밸브	42
스로틀 밸브	43
포핏	44
스풀	44
포트	45
체크 밸브	51
서보 밸브	53
카트리지 밸브	53
유압 액추에이터	55
유압 모터	59
단면 회로도	63
그림식 회로도	63
기호식 회로도	64
접점	125
검출용 스위치	126
릴레이	127
AND 회로	135
OR 회로	135
NOT 회로	136
자기유지회로	136
솔레노이드 밸브	138

(유공압 제어 3) 교재 개요

능력단위의 위치

NCS 수준	능력단위 명				
8수준					
7수준					
6수준					
5수준			기계제어 요구사항 분석 (68H)		
4수준					
3수준	센서활용 기술(34H)	3D 형상 모델링 (68H)			공유압 장치조립 (34H) / 기계부품조립 (34H)
2수준	유공압제어1 (동력발생부와 액추에이터) (34H) / 유공압제어2 (공압제어) (68H) / 유공압제어3 (유압제어) (68H) / 유공압제어4 (유지보수) (34H) / PLC 제어 프로그램 테스트 (34H) / PLC 제어 기본모듈 프로그램 개발 (68H)	2D 도면 작성 (68H)		기본측정기 사용 (34H)	조립도면 해독 (68H)
-	직업기초능력				
수준 \ 세분류	기계소프트웨어개발	기계요소설계	기계제어설계	측 정	기계수동 조립

유공압 제어3(유압제어)

단원명 1 　제로회어 구성하기0503010206_14v3

1-1 　유공압 장치의 구성

교육훈련 목표	• 유공압 부품의 종류에 따른 배선 방법 및 구성 기기간의 관계를 이해하고 이를 토대로 배선도를 작성할 수 있다.

필요 지식	· 유공압 기초 지식 · 유압 밸브, 유압 펌프, 액추에이터 선정 지식

1 유압 기초 지식

1. 유압의 개요

(1) 유압기술의 특징

유압은 작동 유체를 압축시켜 얻은 에너지를 사용하여 동력을 발생시키고 전달하여 기계 및 장치를 제어한다.

초창기 유압 장치의 작동 유체는 주위에서 구하기 쉬운 물이 이용되었으나 겨울철에 얼고, 윤활성이 떨어지며 특히 금속 제품을 부식시키는 문제점이 있었다.

그러므로 근래에는 주로 석유계의 오일이나 합성유 등이 이용되고 있다.

<표1-1-1> 유압기술의 특징

장　　점	단　　점
1. 소형 장치로 큰 출력을 얻을 수 있다. 2. 제어가 쉽고 조작이 간편하다. 3. 동력 전달 방법 및 기구가 간단하다. 4. 자동 제어가 가능하다. 5. 원격 제어가 가능하다. 6. 입력에 대한 출력의 응답이 빠르다. 7. 무단 변속이 가능하다. 8. 방청과 윤활이 자동적으로 이루어진다.	1. 고압에서 누유의 위험이 있다. 2. 온도의 변화에 따른 점도의 저하가 장치의 작동에 영향을 미쳐 액추에이터의 출력이 변할 수 있다. 3. 오일에 기포가 섞여 작동이 불량할 수 있다. 4. 인화의 위험이 있다. 5. 전기 회로에 비해 구성 작업이 어렵다. 6. 공기압 보다 작동 속도가 떨어진다. 7. 먼지나 이물질에 의한 고장의 우려가 있다.

유압 장치의 큰 장점은 기계나 전기 에너지에 비해 큰 힘을 낼 수 있는 점이다.

힘의 증폭 방법이 같은 크기의 기계적 장치(예: 기어, 체인, 풀리 등)에 비하여 매우 간단하여 수십 배 이상 쉽게 증폭시킬 수 있으며 그 예는 소형 유압잭에서부터 거대한 건설 중장

비, 항만의 하역 장치 등에서 쉽게 찾을 수 있다.
  또한 유압 장치 자체의 자동 제어는 한계가 있으나 전기, 전자 부품과 조합하여 사용하면 훨씬 그 효과를 증대 시킬 수 있고 전기식과 비교하여 크기가 작고 가벼우므로 관성의 영향이 적다. <표1-1-1>에는 유압 에너지가 가지고 있는 특징을 나타내었다.

(2) 유압장치의 구성
  유압 장치는 기본적으로 동력을 발생시키는 동력원(탱크, 펌프, 전동기)과 액추에이터의 운동을 제어하는 제어부(압력제어 밸브, 방향제어 밸브, 유량제어 밸브 등), 그리고 유압 실린더나 유압 모터 등의 액추에이터와 배관으로 구성되어 있다. 유압 장치는 압력에너지를 얻기 위하여 유압 펌프가 사용되며 유체(오일)를 탱크로 귀환시켜 재사용한다.
  유압 장치의 구성 요소 중에서 유압 작동유는 유압 장치의 성능과 수명에 크게 영향을 준다. 유압 장치를 효율적으로 사용하려면 무엇보다도 먼저 불순물이 없는 청정하고 물리적 성질이 우수한 오일을 사용해야한다.
  [그림 1-1-1]은 유압 장치의 기본 요소를 나타낸 것으로서 유압장치의 각 구성 요소의 명칭과 기능은 다음과 같다.

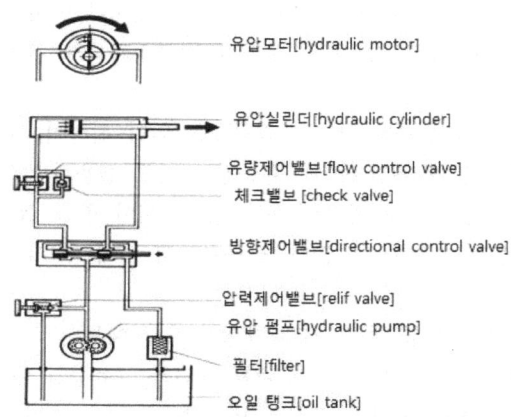

[그림1-1-1] 유압 장치의 구성 요소 및 명칭

(가) 오일탱크(oil tank) : 유압 작동유의 저장 기능, 열의 분산 및 유압 부품의 설치 공간 제공.
(나) 릴리프 밸브(relief valve) : 회로 내의 압력 상승을 제한하여 설정된 압력의 오일 공급.
(다) 방향 제어 밸브(directional control valve) : 회로 내의 유체의 흐름 방향을 조절하여 유압액추에이터의 작동 방향을 바꾸는 데 사용.
(라) 유량 제어 밸브(flow control valve) : 오일의 유동량을 제어하며, 액추에이터(유압 모터, 유압 실린더)의 속도 조절 기능.
(마) 유압 구동기(hydrulic actuator_motor/cylinder) : 유압 장치 내에서 요구된 일을 하며 유체동력을 기계적 동력으로 바꾸는 역할.

유공압 제어3(유압제어)

[그림 1-1-1]의 작동 원리를 살펴보면 우선 전기 모터에 의해 구동된 유압 펌프가 펌프 내의 기계적 작동으로 유체를 흡입한 후 펌프 출구를 통하여 압력이 있는 오일을 유압 실린더나 유압 모터로 공급하여 작업 형태에 따라 요구된 운동이 이루어진다.
 이때 힘의 크기는 릴리프 밸브에 설정된 압력 값에 따르며 방향 제어 밸브와 유량제어 밸브를 통하여 각각 운동 방향과 속도가 결정된다.
 이러한 구동기(hydrulic actuator)의 작업 형태를 일련의 순서로 프로그래밍 하였을 때 사용 기기 및 기구의 간이 자동화나 생산 라인의 자동화가 이루어지게 된다.

2. 유압 작동유

(1) 유압 작동유의 구비조건

 유압 장치를 유효하게 운전시키려면 우선 적합한 작동유를 선택하는 것이 중요하다. 그래서 작동유로는 매우 질이 좋은 윤활유, 특히 유압기기용으로 제작한 기름을 사용하는 것이 바람직하다. 이와 같은 기름을 얻을 수가 없을 경우에는 지정된 성질의 터빈유로 대체하여도 무방하다.
 기타 물, 원유, 수용성유, 동식물성유 등은 절대로 사용해서는 안 된다. 쉽게 입수 될 수 있다 하여 베어링유나 기계유를 사용하는 경우가 있으나 이들 기름은 유압장치용으로서의 성질을 전부 구비하고 있지 않으므로 효율을 저하시키든가 기계의 수명을 단축시키는 결과를 가져온다.
 유압 장치에 있어서 우수한 성능의 작동유를 얻기 위하여, 물리적 성질로서 비중, 점도, 압축성, 인화점, 연소점, 잔유탄소, 색, 유동점 그리고 실용적 성질로서 점도의 온도 의존성, 산화 안정성, 함유화성, 녹 및 방식성 등을 검토하여야 한다. 또한 물리적 성질이 좋은 것만으로는 양질의 작동유라 말할 수 없다. 작동유로서 구비하여야 할 성질을 간추려 보면 다음과 같다.

 (가) 비압축성이어야 한다.(동력 전달 확실성 요구 때문)
 (나) 장치의 운전온도 범위에서 회로내를 유연하게 유동할 수 있는 적절한 점도가 유지되어야 한다.(동력 손실 방지, 운동부의 마모 방지, 누유 방지 등을 위해)
 (다) 장시간 사용하여도 화학적으로 안정하여야 한다.(노화 현상)
 (라) 녹이나 부식 발생 등이 방지되어야 한다.(산화 안정성)
 (마) 열을 방출시킬 수 있어야 한다.(방열성)
 (바) 외부로부터 침입한 불순물을 침전 분리시킬 수 있고, 또 기름중의 공기를 속히 분리시킬 수 있어야 한다.

 유압 장치에 있어서 양질의 작동유를 선택하였을 때 효율을 높일 수 있고 수명을 연장시킬 수 있음은 물론 작동유 자체의 내구성도 있으므로 초기 가격은 약간 고가라 할지라도 이것을 선택하는 것이 경제적이다.

(2) 작동유의 종류

작동유의 대부분은 석유계를 사용한다. 석유계 작동유는 원유로부터 정제한 윤활유의 일종이다. 작동유의 성상은 원유의 종류, 정제 방법에 따라 다르다. 석유계 작동유는 주로 파라핀기 원유를 정제하여 산화방지, 방청 등의 첨가제를 첨가한 것이다.

[그림1-1-2]는 시중에서 판매하는 유압 작동유의 성상을 참고로 제시하였다. 파라핀기 원유는 파라핀기 탄화수소를 많이 함유한 것으로써 대표적인 것은 미국 펜 실바니아산 원유가 있다.

종류 시험항목		Hydro Eco (L)					Multi Light (H)				Multi Light (D)			
		22	32	46	68	100	32	46	68	100	32	46	68	100
비중 15/4°C		0.869	0.867	0.876	0.879	0.883	0.868	0.877	0.887	0.884	0.888	0.878	0.881	0.884
동점도 cSt	40°C	21.6	31.2	45.6	66.5	100.2	32.3	45.8	67.6	100.1	32.3	46.7	67.7	99.6
	100°C	4.15	5.40	6.80	9.80	11.4	6.80	9.15	11.6	15.9	5.7	7.2	9.2	11.9
점도지수		98	105	103	104	99	170	186	170	172	118	114	113	110
인화점 °C		187	200	220	236	248	200	220	236	248	200	220	240	248
유동점 °C		-32.5	-32.4	-32.5	-32.5	-32.5	-37.5	-37.5	-37.5	-37.5	-37.5	-37.5	-37.5	-37.5
전산가 mg OH/gr		0.07	0.07	0.07	0.07	0.07	0.6	0.6	0.6	0.6	0.4	0.4	0.4	0.4
방청성(종류수)		합격	합격	합격	합격	합격	합격	합격	합격	합격	합격	합격	합격	합격
동판부식 100°C 3hr		1a	1a	1a	1a	1a	1a	1a	1a	1a	1a	1a	1a	1a
비고		일반유압작동					고점도지수 유압작동유				내마모성 유압작동유			

[그림1-1-2] 유압 작동유의 성상(性狀)

*출처 : 제우스유화 공업주식회사 catalog

유압 작동유는 점도를 가져야 한다. 그러나 점도가 너무 크면 효율이 저하, 소음발생, 유동저항을 초래하며, 밸브의 응답 속도가 늦어진다. 그러므로 작동유의 점도는 펌프의 형식, 사용압력, 온도 및 장치의 구조 등으로부터 결정되어진다.

〈표 1-1-2〉는 내화성 작동유의 특성을 제시하였다.

유공압 제어3(유압제어)

<표1-1-2> 내화성 작동유의 특성 비교

특성 \ 작동유	합성작동유 인산에스테르계	함수형작동유 수글리콜계	함수형작동유 임파티드 에멀견계
윤활성	첨가광유 다음으로 좋은 윤활 특성을 갖는다. 고압이 되면 점도가 상승하는 경향이 크다.	윤활성은 좋지 않다.	기름에 물이 함유되어 있으므로 윤활성은 비교적 양호하다.
고무실재	불소, 브틸, 실리콘, 에틸렌, 프로필렌 고무가 적합하다. 니트릴, 아크릴 등의 내유고무는 팽윤이 크다.	고무는 문제가 없다. 아스베스토스, 코크스, 가죽 등 수분을 흡수하는 것은 적합하지 않다.	좌 동
도료	거의 모든 도료를 용해하므로, 탱크 내 도장은 피할 것. 나일론기, 페놀기, 에폭시기는 비교적 내성이 있다.	페인트, 에나멜, 니스 등을 용해한다.	좌 동
부식성	고분자화합물이므로 금속표면에 흡착되는 경향이 있어 방청효과는 우수하다.	우 동 특히 아연, 카드뮴(cadmium), 알루미늄, 마그네슘류와 수소화물을 만들어 부식을 일으킨다.	물을 기로 하기 때문에 녹과 부식에 큰 문제가 된다. 기상부분에 녹이 발생하기 쉽다.
조작온도	고온성(80℃이상)에서도 운전가능, 저온성 양호 (유동점은 -57℃)	상한온도는 약 70℃ 저온성 비교적 양호 (유동점 -40℃)	상한온도 40~70~, 하한온도 5℃ 이하에서는 불가
압력	고압(210kgf/cm2이상)에서도 양호한 윤활성을 나타낸다.	고압, 고하중의 윤활에 문제가 있다.	고압에서 점도가 저하
보수	혼입수분의 제거에 특히 주의를 요한다.	물(증류수)의 보급과 온도점검을 요한다.	좌 동

일반적으로 작동유의 점도는 운전 온도에서 13cSt(70 SSU)보다 낮아서는 안 된다.

만일 점도가 이것보다 낮아지면 작동유는 기계 부품간의 실과 윤활 효과를 충분히 만족시킬 수 없다. 또 유압 펌프의 시동시에 탱크 속의 유압유는 880 cSt(4000 SSU)이상의 점도를 가져서는 안 된다.

점도가 880 cSt 이상이 되면 유동성이 감소되고 펌프 흡입구에서 공동 현상을 발생시킬 수 있기 때문이다.

<표 1-1-3>은 유압 펌프의 형식에 따르는 적정 점도의 범위를 제시하였다.

<표1-1-3> 유압 펌프 형식에 따르는 적정 점도 범위

펌프	주위 온도 ℃(°F) 점도	4.4℃(40) ~ 37.8℃(100) 100°F에서의 점도 SSU(cSt)	37.8℃(100) ~ 82℃(180) 100°F에서의 점도 SSU(cSt)
기 어 펌 프		140(30) ~ 325(70)	500(110) ~ 700(154)
베 인 펌 프	$70 kgf/cm^2$ 이상	140(30) ~ 225(49)	200(43) ~ 350(77)
	$70 kgf/cm^2$ 이상	250(54) ~ 325(70)	300(65) ~ 450(99)
피 스 톤 펌 프		140(30) ~ 325(70)	500(110) ~ 1000(220)

(가) 인화점과 연소성

기름을 가열해가면 일부가 증발하여 공기와 혼합한다. 이곳에 화염을 가까이 하면 순간적으로 착화한다. 이때의 기름의 온도를 "인화점"이라 한다.

다시 기름을 계속해서 가열하면 연속해서 연소가 지속된다. 이때의 기름 온도를 "연소점" 또는 "발화점"이라 한다. 작동유의 인화점은 대략 170 ~ 220℃의 범위 이다.

(나) 압축성

고압(300kgf/cm2정도까지)을 사용하면 장치가 소형 경량화 된다. 또 일반적으로 구동력이 커짐과 동시에 고압 사용의 이점이 증대된다. 그러나 작동유는 저·중압에서 는 비압축성으로 취급하여 별 문제가 없으나 고압 대형의 유압 장치가 되면 압축성은 큰 문제가 된다. 작동유중에 약간의 공기라도 혼입되어 있으면, 압축률은 크게 변화한다.

따라서 유압장치를 취급하는 데 있어서 작동유의 공기가 혼입되지 않도록 특히 주의 하지 않으면 안 된다.

(다) 잔류탄소의 색

잔류탄소는 작동유를 도가니 안에 넣고 가열하여 증발, 태웠을 때 도가니 안에 남는 탄소분을 중량(%)으로 표시한 값이다. 색은 성질에 거의 관계가 없으나 불순물 혼입을 조사하는 데 도움을 준다.

(라) 유동성

시험관에 작동유를 넣고 냉각해가면 점도가 점차 증대되어 시험관을 비스듬히 기울이더라도 서서히 움직일 정도일 뿐 흐르지 않게 된다.

이런 상태를 "유동점"이라 하고 다시 냉각을 계속하면 움직이는 것까지도 정지된다. 이 상태를 "응고점"이라 부른다. 유동점은 원유의 종류, 정제법, 첨가제의 유무에 따라 상당한 차이가 있다. 일반적으로 나프텐계의 유압유는 파라핀계 유압유에 비하여 낮은 유동점을 갖는다. 유동점은 동계 운전에서 고려하여야 할 문제이다.

(3) 실용적 성질

(가) 온도에 따른 점도 변화

작동유의 점도는 기계적 효율, 마찰손실, 발열량, 마모량, 유막의 형성 및 두께, 유속 등 장치에 직접적인 영향을 미치므로 점도는 작동유의 성상 중 가장 중요하다.

유공압 제어3(유압제어)

작동유의 점도가 장치에 대하여 부적당한 경우 운전성상에 미치는 영향을 생각하면 다음과 같다.

1) 점도가 너무 높을 경우
 - 내부 마찰의 증대와 온도 상승(캐비테이션 발생)
 - 장치의 파이프 저항에 의한 압력 증대(기계 효율 저하)
 - 동력 손실의 증대(장치 전체의 효율 저하)
 - 작동유의 비활성(非活性)(응답성 저하)

2) 점도가 너무 낮을 경우
 - 내부 누설 및 외부 누설(용적 효율 저하)
 - 펌프 효율 저하에 따르는 온도 상승(누설에 따른 원인)
 - 마찰 부분의 마모 증대(기계 수명 저하)
 - 정밀한 조절과 제어 곤란 등의 현상이 발생한다.

보통 작동유의 점도 결정은 계통에서 사용되는 펌프 형식에 따라 37.8℃(100°F)의 온도를 기준으로 한 점도를 가지고 선택하나 작동유의 점도는 온도에 따라 크게 변 한다. 또 유압 장치에서는 사용 온도의 변화가 크다. 따라서 시동 시와 상온에서의 점도와 함께 운전 온도에서의 점도를 알 필요가 있다. 실제로 운전상 중요한 의의를 갖는 것은 운전 온도에서의 점도인 것이다.

그러므로 유압장치 전체의 효율을 최고로 발휘시키기 위하여 요구되는 가장 알맞은 점도는 실용 실험에 의하여 결정하는 것이 보통이다.

[그림1-1-3]은 점도와 온도와의 관계를 나타내었다.

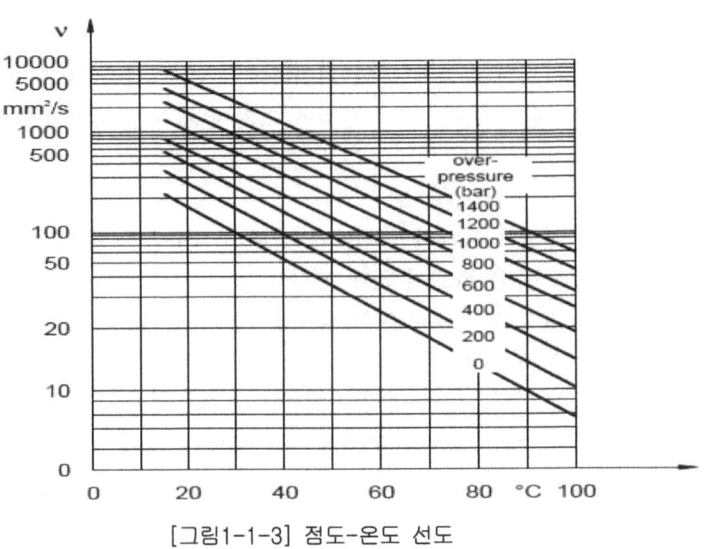

[그림1-1-3] 점도-온도 선도

(나) 점도 지수(viscosity index)

작동유의 점도가 온도의 영향을 받으므로 실용상의 점도를 추정하는 척도로서 점도 지수를 사용한다. 점도 지수는 작동유 점도의 온도에 대한 변화를 나타내는 값이다.

일반적으로 점도 지수가 크면 클수록 온도 변화에 대한 점도 변화가 작다. 따라서 작동 유로서는 장치의 효율을 최대로 하기 위하여 점도 지수가 큰 작동유를 선정하는 편이 유리하다. 반대로 점도 지수가 작은 작동유를 사용하면 저온에서 작동할 때 점도가 커서 정상 운전까지의 예비 운전이 길어져 경제적 운전이 될 수 없다.

또 정상 운전에 들어가서도 점도 지수가 큰 작동유에 비하여 온도의 조절 범위가 좁아져 운전에 한층 주의를 필요로 한다. 높은 온도에 있어서는 점도 저하가 누유의 증대, 유압의 유지 곤란, 마모의 촉진, 효율의 급 저하 등의 문제를 발생시킨다.

(다) 압력과 점도와의 관계

최근 유압 장치의 진보와 함께 작동 압력은 점차 높아지고 있고, 동일 용량의 장치로 큰 일을 하고자 하는 경향이 있다. 압력이 높아짐에 따라 점도도 변하므로 압력과 점도 사이의 상관 관계도 극히 중요시 되고 있다. 즉 일반적으로 점도는 압력의 증대에 따라 지수 함수적으로 증가하나 그 증가율은 원유의 종류에 따라 다르고 파라핀계유나 나프테인계유에 비하여 변화율은 적다.

보통 $300 kgf/cm^2$ 정도까지는 운전상 압력의 영향을 고려할 필요는 거의 없으나, 이 압력이상이 되면 영향은 커지므로 주의를 요한다.

(라) 중화수(中和數)

중화수란 작동유의 산성을 나타내는 척도이다. 양질의 작동유는 낮은 중화수를 갖는다. 각종의 작동유는 각각 다른 방법으로 정제되므로 서로 다른 여러 가지 산을 함유한다.

따라서 모든 작동유에 적용할 수 있는 시험법은 아직 발견되어 있지 못하다. 또 작동유로서의 모든 특성을 전부 최고 성능으로 유지시킨다는 것도 불가능한 일이다.

(마) 산화 안전성

사용 중의 작동유가 공기중의 산소와 반응하여 물리적 화학적으로 변질하는 것을 저항하는 성질을 산화 안정성이라 말한다. 산화 안정성은 작동유의 성분에 따라 다르고, 또 운전 온도, 운전 압력, 외부로부터 침입하는 이물질 등에 따라 영향을 받는다. 산화 원인을 분류하면 다음과 같다.

1) 작동유의 성분, 원유의 종류, 정제법, 첨가제의 유무

일반적으로 파라핀계유는 산화물이 생기더라도 기름에 녹아버리므로 그리 큰 피해는 없으나 나프테인계유는 산화물이 생기면 녹지 않고 중합침전물로 남으므로 해가 많다.

2) 운전 온도

많은 경험으로부터 유압장치의 최적 온도는 45~55℃로 알려져 있다. 작동유가 60℃ 이하에서는 산화 속도가 비교적 완만하다. 60℃를 넘으면 산화 속도가 크고, 0.5℃ 상승 때마다 수명이 반감되므로 펌프 흡입 측 온도는 55℃를 넘어서는 안 된다.

3) 운전 압력

압력이 증가함에 따라 계통내의 작동유 점도가 증가하여 유온의 상승을 초래하므로 작동유의 산화를 촉진시킨다. 또 작동유 속에서 용해하는 공기량은 압력 증가와 함께 증가하

유공압 제어3(유압제어)

므로 산화촉진을 일으킨다.
  4) 외부로부터 이물질 침입
    외부로부터 침입하는 수분, 절삭유, 윤활유, 이음새용 도료 등과 마찰은 산화를 촉진한다.
(바) 항유화성(抗乳化性)
  작동유중의 수분이 미치는 영향은
  · 윤활 능력의 저하
  · 밀봉 작용의 저하
  · 금속 촉매 작용의 활성화 등을 들 수 있다.
    작동유중에 수분이 침입하면 잘 정제된 작동유는 속히 수분을 침전 분리시키거나, 특히 산화 안정성이 나쁜 작동유내에서 작동유를 유화유(乳化油)로 만든다. 작동유의 유화는 유압장치의 기능을 저하시킴과 동시에 작동유의 수명을 현저하게 단축시킨다. 작동유는 계통 내에 들어온 수분을 빨리 탱크 안에서 분리시켜 유화물이 만들어지지 않도록 산화 안정성이 좋은 것을 선택하여야 한다. 유화 방지를 위하여는 계통내의 수분이 침입할 수 없도록 적극적으로 방지하여야 한다.
(사) 소포성(消泡性)
    작동유에는 보통 용적비율로 5~10%의 공기가 용해되어 있다. 용해량은 압력증가에 따라 증량한다. 이러한 작동유를 고속 분출시키든가, 압력을 저하시키면 용해된 공기가 분리되어 물거품이 일어난다. 이 물거품은 작동유의 손실을 초래하게 되며 심지어는 펌프의 작동을 불능케 한다.
    작동유중에 공기가 혼입하면 물의 경우와 마찬가지로 윤활작용의 저하나 산화의 촉진을 야기시킨다. 또 압축성이 증대되어 유압기기의 작동이 불규칙하게 되고 펌프에서 공동 현상발생의 원인이 된다. 그러므로 작동유는 소포성이 좋아야 하고 만일 물거품이 발생하더라도 유조내에서 속히 소멸되는 것이 요망된다. 작동유의 소포제로서 실리콘유가 사용된다.
(아) 방청 방식성(anti-rust and anti-corrosion properties)
    유압계통의 부식은 작동유의 산화에 의하여 생성된 유기물, 외부로부터 침입한 수분, 기타 이물질에 의하여 일어난다. 녹은 작동유에 함유되어 있는 공기의 작용으로 금속표면이 산화되기 때문에 일어난다. 발생된 녹이 작동유 속으로 혼입되면 정밀하게 가공된 펌프나 밸브 등의 활동면을 손상시켜 성능을 저하시킨다. 그러므로 작동유는 녹의 발생, 금속의 부식을 방지하는 성질이 요망된다. 첨가제를 첨가시켜 금속 표면에 막을 생성시켜 공기나 수분 등의 접촉을 막아방청 방식 작용을 한다.

3. 오일 탱크

(1) 오일 탱크의 크기
    오일 탱크(oil tank)의 크기는 그 속에 들어가는 유량이 펌프 토출량의 적어도 3배 이상으로 할 것이 표준화되어 있다.
    이것은 펌프 작동중의 유면을 적정하게 유지하고 발생하는 열을 방산하여 장치의 가열을

방지하며, 오일 중에서 공기나 이물질을 분리시키는데 충분한 크기이다.
 또 운전 정지 중에는 관로의 오일이 중력에 의해서 넘치지 않고 파이프를 분리할 때에는 오일 탱크에서 넘쳐흐르지 않을 만큼의 크기로 한다. 따라서 오일 탱크의 크기는 냉각 장치의 유무, 사용압력, 유압회로의 상태에 따라서 달라진다.
 오일 탱크 각부의 명칭은 [그림 1-1-4]와 같다.

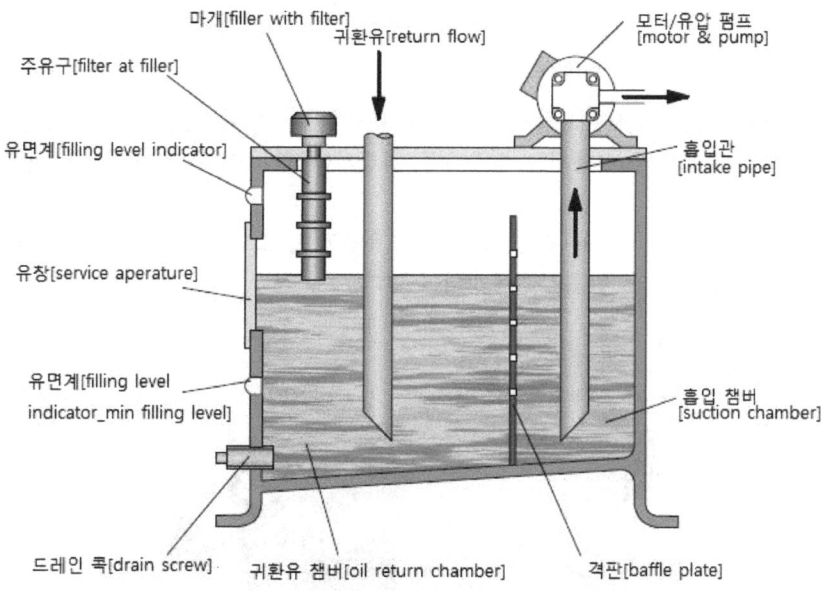

[그림1-1-4] 오일 탱크의 각부 명칭

(2) 오일 탱크의 필요조건
 (가) 오일 탱크 내에서는 먼지, 절삭분, 윤활유 등의 이물질이 혼입되지 않도록 주유구에는 여과망과 캡 또는 뚜껑을 부착한다.
 (나) 공기(빼기)구멍에는 공기청정기를 부착하여 먼지의 혼입을 방지하고 오일 탱크내의 압력을 언제나 대기압으로 유지하는데 충분한 크기인 것으로 에어로졸(aerosol) 상태의 유입을 방지할 수 있어야 한다. 공기청정기의 통기 용량은 유압펌프 토출량의 2배 이상이면 되고 소형 오일 탱크는 에어 블리저(air brather)와 주유구(filler)를 공용시켜도 무방하다.
 (다) 오일 탱크의 용량은 장치의 운전중지 중 장치내의 작동유가 복귀하여도 지장이 없을 만큼의 크기를 가져야 한다. 또 작동 사이클 중에도 유면의 높이를 적당히 유지할 수 있어야 한다.
 (라) 오일 탱크 내에는 격판으로 펌프 흡입 측과 복귀 측을 구별하여 오일 탱크 에서의 오일의 순환 거리를 길게 하고 기포의 방출이나 오일의 냉각을 보존하며, 먼지의 일부를

유공압 제어3(유압제어)

침전케 할 수 있도록 한다.
(마) 오일 탱크의 바닥면은 바닥에서 최소 간격 15cm를 유지하는 것이 바람직하다.
(바) 운전 중에도 보기 쉬운 곳에 유면계를 설치한다. 유면계에는 유압 펌프 운전 중에 있어서의 유압의 최고와 최저 위치를 나타내는 표를 해 둔다.
(사) 스트레이너의 유량은 유압 펌프 토출량의 2배 이상의 것을 사용한다.
(아) 업세팅(upsetting) 운반용으로서 적당한 곳에 훅(hook)을 단다.

4. 유압 동력원(Hydraulic power unit)

유압 동력원은 구동 모터와 유압펌프가 유압 탱크에 부착되어 있는 형태가 일반적이다. 유압으로 구동하는 시스템의 사용되는 압축유를 공급하는 장치로 유압 에너지를 발생하는 매우 중요한 부분이다.

유압 동력원은 [그림1-1-5]와 같이 구동모터, 유압펌프, 오일 탱크 이외에도 릴리프밸브, 필터, 쿨러, 히터 등의 유압 부품으로 구성되어 있다

[그림1-1-5] 유압 동력원
*출처 : hydraulics online catalog

5. 릴리프밸브(relif valve)

가장 많이 사용되는 압력 제어 밸브로서 거의 모든 유압장치에 사용되며 회로의 최고 압력을 제한하는 밸브로서 회로의 압력을 일정하게 유지시키는 밸브이다.

단원명 1 제로회어 구성하기

[그림1-1-6]은 릴리프 밸브의 외형을 제시하였다.

유압 회로에서 릴리프밸브의 역할과 작동원리를 [그림1-1-7]을 사용하여 설명하면, 펌프에서 일정 압력으로 토출되는 유압 작동유가 릴리프 밸브(단면적 A_1)의 공급 포트 (P)를 통과 하여 귀환 라인(T)으로 복귀하려면 반대편의 스프링의 힘보다 커야한다.

[그림1-1-6] 릴리프 밸브의 외형
*출처 : bosch rexroth online catalog

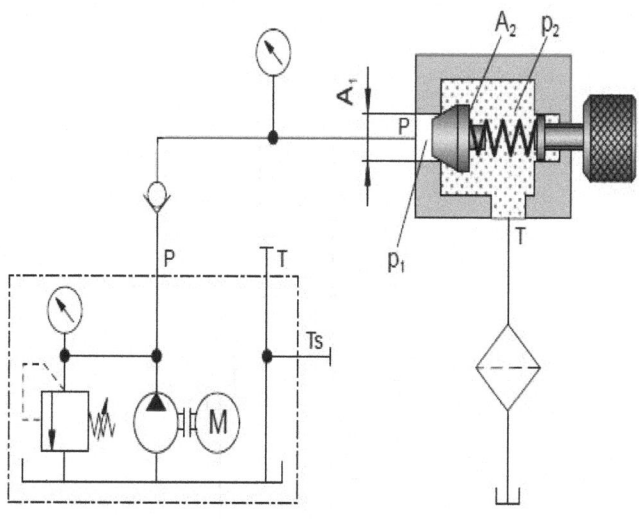

[그림1-1-7] 릴리프 밸브의 작동원리

유공압 제어3(유압제어)

실기 내용 유압 펌프의 특성 실험

1 유압 펌프 특성 실습

1. 과제 :

(1) 제시된 유압 회로를 사용하여 실제 유압 동력원과 비교하여 KS B ISO 1219-2(유체 동력 시스템 및 부품_그래픽 기호 및 회로도-제2부: 회로도)에 따라 그려보시오.
(2) 유압 펌프 토출 압력 변화에 따른 펌프의 토출량, 회전수, 축동력을 측정하여 펌프의 효율을 구하시오.

2. 실습목표 :

(1) 유압 동력원의 구성 부품의 기능을 설명할 수 있고 기호를 그릴 수 있다.
(2) 릴리프 밸브를 사용하여 유압시스템의 최고 사용 압력을 조절할 수 있다.
(3) 제어 연결구에 호스의 급속이음 커플링(quick connection coupling)을 사용하여 정확하게 배관할 수 있다.

3. 회로도 :

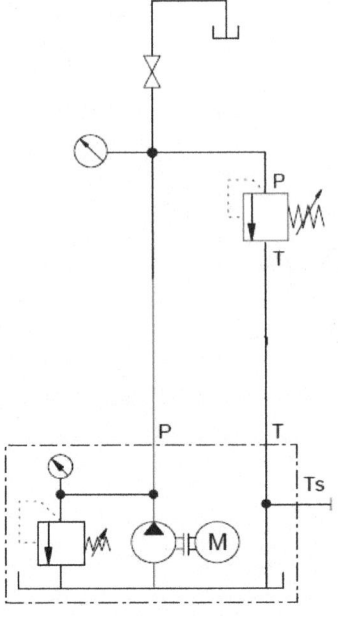

[그림1-1-8] 압력 설정회로

4. 관련지식

(1) 릴리프 밸브는 유압 시스템의 최고 사용 압력을 결정하고, 정용량형 펌프를 사용하는 경우에 과부하를 방지하기 위하여 반드시 사용한다.
(2) 유압 회로를 구성하기 위해서는 무엇보다 먼저 압력 설정회로를 구성해야한다.

5. 실습 방법

(1) 제시된 회로를 사용하여 유압 회로를 구성한다.
(2) 릴리프 밸브의 조절 핸들을 반시계 방향으로 회전시켜 관로를 완전히 개방한다. (펌프의 토출 압력을 0으로 하여 무부하 운전하기 위함.)
(3) 유압 펌프를 가동하고 릴리프 밸브의 조절 핸들을 시계방향으로 회전 시켜 설정 압력을 5MPa로 설정한다.
(4) 차단 밸브를 천천히 개방하여 눈금이 0이 될 때까지 조정한다.
(5) 그 상태에서 5초 동안의 펌프 토출 량을 측정한다.(유조 사용) 측정된 유량을 12배로 잡아 매 분 토출량을 결정한다.
(6) <표1-2-2>의 토출압력에 맞게 차단밸브를 조절하여 1MPa부터 압력을 상승시켜 5MPa까지 동일한 방법으로 측정하고 기록한다.

<표1-1-4> 펌프의 특성 실험 측정치

토출압력 (Mpa)	토출량 (l/min)	흡입압 (Mpa)	회전수 (rpm)	축동력 (kW)	용적 효율(%)	전 효율 (%)	유온 (°C)
0							
1							
2							
3							
4							
5							

유공압 제어3(유압제어)

6. 실습결과 및 연습 문제
(1) <표1-1-4>를 사용하여 토출 압력과 토출량의 변화를 그래프로 그리시오.

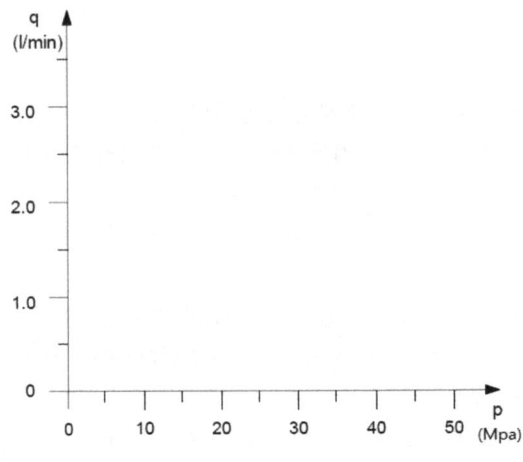

<표1-1-5> 펌프의 특성 그래프

단원명 1 제로회어 구성하기

장비 및 도구, 소요재료

구 분	명 칭	규격(사양)	1대당 활용인원
장 비	전기유압실험장치	실습용(50pcs이상)	5명
	유압 펌프 유닛		5명
공 구	일반수공구 세트	10pcs 이상	5명
소요재료	릴리프 밸브	직동형	
	차단 밸브		
	압력계		
	체크밸브 내장 호스 세트	300mm ~1000mm	5명

안전유의사항

- 유압 실습 장치의 전원 장치를 점검한다.
- 유압 탱크의 오일의 양 및 상태를 육안으로 점검한다.
- 유압 실습 장치 가동 후 5분 정도 무 부하 운전한다.
- 실습에 사용되는 수공구의 상태를 점검하고 정돈한다.
- 다른 사람이 실습 중에 스위치 등을 조작하지 않는다.
- 실습장 바닥에 오일이 떨어지면 즉시 제거하여 미끄럼 사고를 방지한다.
- 과격한 행동으로 실습 장치를 파손하거나 오작동 하지 않도록 한다.
- 실습 중에 항상 안전이 유지될 수 있도록 주의한다.

관련 자료

- 유압 실습 장치 사용자 매뉴얼
- 작업 표준서
- 관련 유압 부품 카타로그
- KS B ISO 1219 규격집
- 계산기
- 유지 보수 매뉴얼 및 장비 점검 일지

유공압 제어3(유압제어)

실기 내용   릴리프의 특성 실험

① 유압 릴리프 밸브의 특성 실험

1. 과제 :

(1) 제시된 유압 회로를 사용하여 실제 유압 동력원과 비교하여 KS B ISO 1219-2(유체 동력 시스템 및 부품_그래픽 기호 및 회로도-제2부: 회로도)에 따라 그려보시오.
(2) 유압 펌프 토출 압력 변화를 릴리프 밸브에 의하여 조절해 보고 전유량 압력, 압력 오버라이드, 크래킹 압력을 측정한다.

2. 실습목표 :

(1) 압력제어 밸브의 종류와 기능을 설명할 수 있고 기호를 그릴 수 있다.
(2) 릴리프 밸브를 사용하여 유압시스템의 최고 사용 압력을 조절할 수 있다.
(3) 제어 연결구에 호스의 급속이음 커플링(quick connection coupling)을 사용하여 정확하게 배관할 수 있다.

3. 회로도

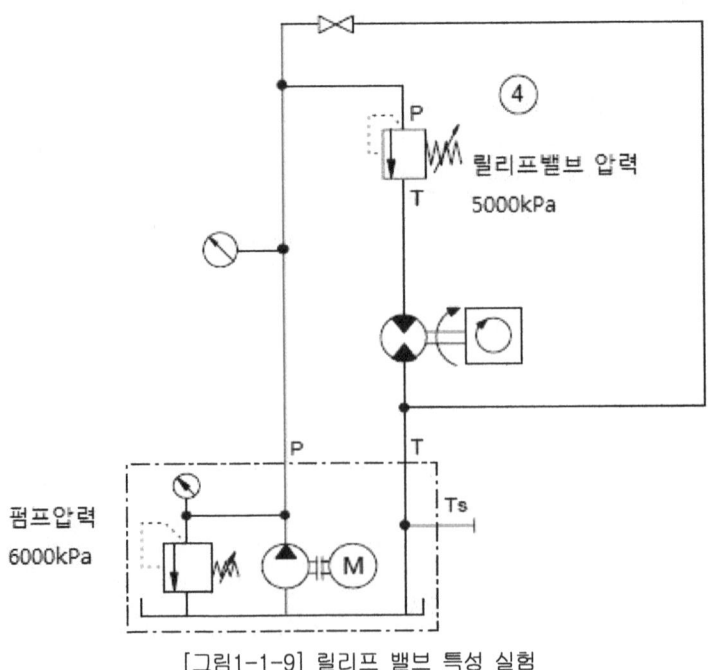

[그림1-1-9] 릴리프 밸브 특성 실험

4. 실습 방법

(1) 제시된 회로를 사용하여 유압 회로를 구성한다.
(2) 릴리프 밸브의 조절 핸들을 반시계 방향으로 회전시켜 관로를 완전히 개방한다.
  (펌프의 토출 압력을 0으로 하여 무부하 운전하기 위함.)
(3) 유압 펌프를 가동하고 릴리프 밸브의 조절 핸들을 시계방향으로 회전 시켜 설정 압력을 5 MPa로 설정한다.
(4) 차단 밸브를 천천히 개방하여 눈금이 0이 될 때가지 조정한다.
(5) 그 상태에서 5초 동안의 유량을 측정한다.(유조 사용)
(6) <표1-1-6>의 토출압력에 맞게 차단밸브를 조절하여 1MPa부터 압력을 상승시켜 5MPa까지 동일한 방법으로 측정하고 기록한다.

<표1-1-6> 펌프의 특성 실험 측정치

회로 압력 상승시의 토출압력 (Mpa)					
릴리프량 ($l/\min$)					
회로 압력 감소시의 토출압력 (Mpa)					
릴리프량 ($l/\min$)					

5. 실습결과 및 연습 문제

(1) <표1-1-6> 을 사용하여 크래킹 압력, 압력 오버라이드를 그리시오.

<표1-1-7> 릴리프 밸브 특성 곡선

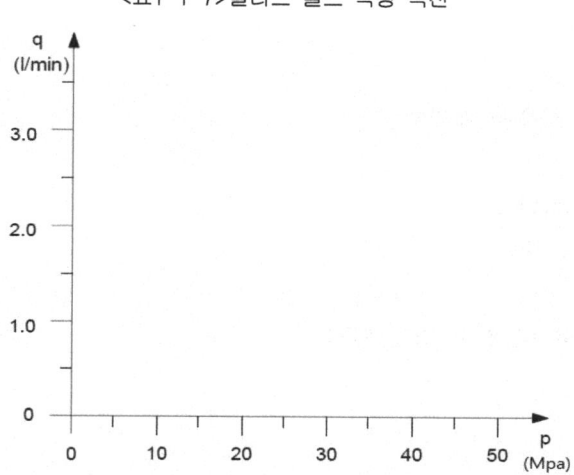

유공압 제어3(유압제어)

장비 및 도구, 소요재료

구 분	명 칭	규격(사양)	1대당 활용인원
장 비	전기유압실험장치	실습용(50pcs이상)	5명
	유압 펌프 유닛		5명
공 구	일반수공구 세트	10pcs 이상	5명
소요재료	릴리프 밸브	직동형	
	차단 밸브		
	압력계		
	체크밸브 내장 호스 세트	300mm ~1000mm	5명

안전유의사항

- 유압 실습 장치의 전원 장치를 점검한다.
- 유압 탱크의 오일의 양 및 상태를 육안으로 점검한다.
- 유압 실습 장치 가동 후 5분 정도 무 부하 운전한다.
- 실습에 사용되는 수공구의 상태를 점검하고 정돈한다.
- 다른 사람이 실습 중에 스위치 등을 조작하지 않는다.
- 실습장 바닥에 오일이 떨어지면 즉시 제거하여 미끄럼 사고를 방지한다.
- 과격한 행동으로 실습 장치를 파손하거나 오작동 하지 않도록 한다.
- 실습 중에 항상 안전이 유지될 수 있도록 주의한다.

관련 자료

- 유압 실습 장치 사용자 매뉴얼
- 작업 표준서
- 관련 유압 부품 카타로그
- KS B ISO 1219 규격집
- 계산기
- 유지 보수 매뉴얼 및 장비 점검 일지

단원명 1 제로회어 구성하기

1-2   유압 장치 제어

교육훈련 목 표	• 유압 제어기와 주변 시스템과의 인터페이스를 설계할 수 있어야 한다.

필요 지식	· 유압 기초 지식 · 유압 밸브, 유압 펌프, 액추에이터 선정 지식

1 유압 펌프

1. 유압 펌프의 개요

유압 펌프(hydraulic oil pump)는 전동기에서 공급되는 에너지를 밀폐된 용적을 갖는 실린더 등의 내부에서 기어나 베인 또는 피스톤의 왕복운동에 의하여 기계적 에너지를 유압 에너지로 변환하는 유압 기기로서 펌프 입구의 압력을 낮아지게 하여 오일을 흡입하고 이 오일을 펌프의 출구를 통하여 유압장치에 내보내게 된다.

유압 펌프는 형태나 작동 방법에 따라 여러 형태로 분류될 수 있으나 크게 강제식 펌프와 비강제식 펌프로 나누어진다.

강제식 펌프는 한 주기(cycle)의 동작이 발생되면 일정한 양의 유체가 유압장치로 공급되게 되며, 비강제식 펌프는 날개차의 회전으로 유체에 회전운동을 일으키게 하여 이때 생기는 원심력의 작용으로 압력을 증가시켜서 양수를 하기 위한 펌프로 주로 이용되는 원심 펌프와 같은 종류의 것이 있다.

비강제식은 유체가 흐르지 않는 상태에서도 회전할 수 있어 압력이 낮고 유량이 많은 경우에 적당하다. 그러나 대부분의 유압장치에서는 유체 수송의 목적 외에 고압으로 큰 출력을 얻기 위하여 강제식 펌프가 주로 이용된다. 강제식 펌프는 펌프가 작동할 때 밀실의 용적이 변화되므로 체적형 펌프라고도 하며 비강제식에 비하여 다음과 같은 장점이 있다.

(1) 비강제식에 비해 크기가 소형이며 체적 효율이 높다.
(2) 작동 조건의 변화에도 효율의 변화가 적다.
(3) 높은 압력(7MPa이상)을 낼 수 있다.
(4) 압력 및 유량의 변화에도 원활히 작동한다.

2. 펌프의 종류

일반적으로 유압 펌프는 체적형 펌프는 고정형과 가변형 두 가지가 있다. 즉 한 주기기 작동할 때 토출되는 유량이 일정한 고정형과, 토출 유량의 변화가 가능한 가변형으로서 고정형의 경우는 유량을 변화시키려면 펌프의 회전 속도를 바꾸어야 하나 가변형은 작동 중에 펌프를 조절하여 회전 속도의 변화 없이 유량의 변화가 가능하다. 펌프는 유압장치의 압력 증가의 직

유공압 제어3(유압제어)

접적인 연관은 없고 일정한 유량을 토출하며, 압력의 제어는 릴리프 밸브에서 조절하고, 가변 체적형 펌프를 사용하기도 한다. 체적형 펌프의 축이 1회전 할 때 토출되는 유량은 유압장치 내의 압력에 관계없이 거의 일정하며, 내부 구조와 작동 형태에 따라 분류된다.

<표1-2-1> 유압 펌프의 종류

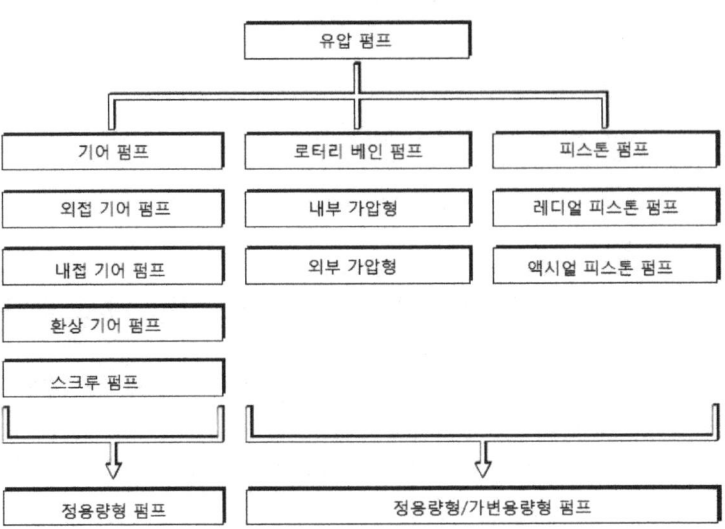

3. 펌프의 동력과 효율

(1) 펌프동력

유압 펌프에서 펌프 토출 압력을 P, 펌프 토출량을 Q라고 할 때 펌프가 발생하는 동력을 펌프동력(L_p)이라 하며 다음과 같이 나타낸다.

$$\text{펌프동력} \quad L_P = \frac{PQ}{7,500}(PS) = \frac{PQ}{10,200}(kW)$$

$$1PS = 75\,kgf \cdot m/s \quad 1kW = 102\,kgf \cdot m/s$$

$$\text{유체동력} \quad L_h = \frac{P_0 Q_0}{7,500}(PS) = \frac{P_0 Q_0}{10,200}(kW)$$

$$\text{축동력} \quad L_s = \frac{PQ}{7,500 \times \eta}(PS) = \frac{PQ}{10,200 \times \eta}(kW)$$

여기서 P_0 = 펌프에 손실이 없을 때의 토출 압력 (kgf/cm^2)
P = 실제 펌프토출 압력 (kgf/cm^2)

Q_0 = 이론 펌프 토출량 (cm3/s)
Q = 실제 펌프 토출량 (cm3/s)
η = 펌프의 전 효율

(2) 펌프 효율

펌프는 원동기로부터 축을 통하여 받은 에너지를 유압 에너지로 변환시키는데 이 에너지 중 일부는 누설이나 저항 요소로 인한 손실로 나타난다. 그러므로 펌프가 축을 통하여 얻은 에너지 중 유용한 에너지의 정도가 어느 정도인가의 척도를 효율이라고 한다. 펌프의 전효율은 펌프동력의 축동력에 대한 비율로 나타낸다. 펌프 내의 손실 요인은 기계적 마찰에 기인하는 마찰 손실과 유압유의 토출저항에서 비롯된 누설 손실 등이다. 그러므로 손실의 정도를 계산하는 기준으로 각각 기계효율, 압력효율, 용적효율을 사용한다.

용적 효율 $\eta_v = \dfrac{Q}{Q_0}$

압력 효율 $\eta_P = \dfrac{P}{P_0}$

기계 효율 $\eta_m = \dfrac{L_h}{L_s}$

따라서 전 효율 $\eta = \dfrac{L_P}{L_s} = \dfrac{L_h}{L_P}\eta_m = \dfrac{PQ}{P_0 Q_0}\eta_m = \eta_v \eta_p \eta_m$

(외접형 기어펌프)

(내접형 기어펌프)

[그림1-2-1] 기어 펌프

4. 유압 펌프의 구조와 특징

(1) 기어 펌프(gear pump)

기어 펌프는 한 쌍의 기어가 밀폐된 용적을 갖는 밀실 속에서 회전할 때 기어의 물림에 의한 운동으로 진공 부분에서 흡입한 후에 기어의 계속적인 회전에 의해 토출구를 통해 유체를 토출하는 원리이며, 비교적 구조가 간단하고 경제성이 있으므로 일반적인 유압 펌프로 널리 쓰이고 있다.

주로 건설 기계, 산업용 차량, 농기계 등에 적합하고 윤활유 펌프나 오일 수송용 펌프, 특수 고점도액 수송용 펌프로 사용한다.

기어 펌프는 구조에 따라 외접형과 내접형이 있으며 그 구조는 [그림2-1-1]에 나타내었다.
기어 펌프의 특징은 다음과 같다.

(가) 구조가 간단하고 소형·경량으로 값이 싸다.
(나) 오일의 오염에 대한 영향이 비교적 크지 않다.
(다) 흡입 능력이 우수하다.
(라) 압력은 0.5~30MPa 범위에서 사용되고 회전수 900~4,000[rpm]이 일반적이다.
(마) 효율은 75~90 % 정도이며, 구조상 정용량형 펌프가 일반적이다.

(2) 스크루 펌프(gear pump)

[그림1-2-2]는 스크루 펌프(screw pump)를 나타낸 것이다. 2개의 정밀하게 제작된 나사가 하우징(housing) 내에서 밀폐되어 회전하며, 매우 조용하고 효율적으로 유체를 토출한다.

내측의 스크루가 회전해야 외측 로터가 같이 회전하며 유체를 토출 하게 된다.

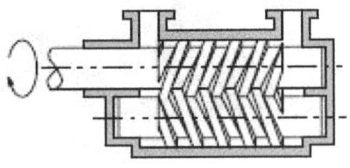

[그림1-2-2] 스크루 펌프

(3) 게로터 펌프(geroter pump)

[그림1-2-3]은 게로터 펌프를 나타내었다. 트로코이드 펌프(trochoid pump)라고도 하며 구동 원리는 내접 기어 펌프의 형태와 같다.

즉 내측 기어의 로터가 전동기에 의해 회전하면 외측 로터는 따라서 회전하게 된다. 내측 로터의 이수가 외측 로터보다 1개 적으므로 외측 로터의 형상에 의해 토출량이 결정된다.

(4) 베인 펌프(vane pump)

베인 펌프는 정 토출량형 및 가변 토출량으로서 공작기계, 프레스기계, 사출성형기 등의 산업기계장치 또는 차량용에 널리 쓰이고 있는 유압 펌프이다.

[그림1-2-4]의 오른쪽 그림과 같이 2개의 원이 편심되어 있어서 하우징은 고정되고 베인(깃)이 붙어있는 로터가 회전할 경우, 이 베인은 원심력에 의해서 바깥 둘레에 밀어 붙여지게 되므로 하우징 안벽에 따라서 회전하게 되는데, 이때 용적의 증가에 따라 오일을 흡입하게 되고 반대로 용적이 감소하여 토출하게 되는 이러한 계속된 작용이 이 펌프의 기본 원리이다.

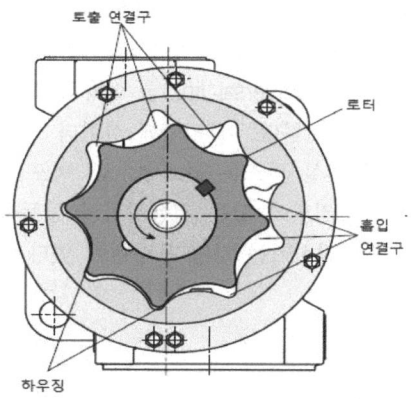

[그림1-2-3] 게로터 펌프

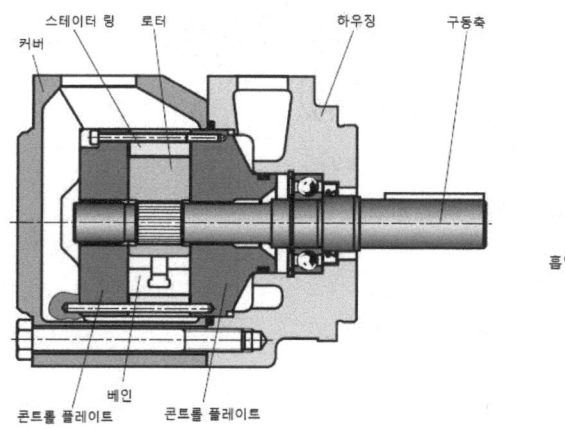
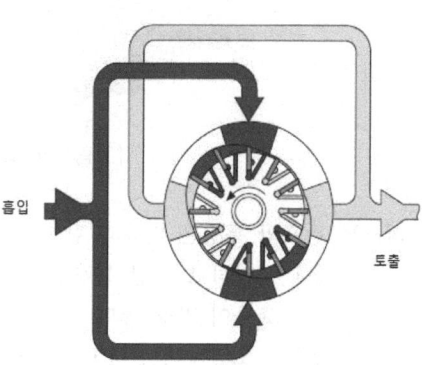

[그림1-2-4] 베인 펌프

베인 펌프의 특징은 다음과 같다.
(가) 토출 압력의 맥동이 적다.

(나) 베인의 마모에 따른 압력 저하가 발생하지 않는다.
(다) 단순 형상의 부품이어서 고장이 적고 보수가 용이하다..
(라) 펌프의 출력에 비해 형상 치수가 작다.
(마) 급속 시동이 가능하고 펌프의 소음이 적다.

(5) 피스톤 펌프(piston pump)

피스톤 펌프는 피스톤의 왕복운동을 활용하여 작동유에 압력을 주는 것이며 고압 (21MPa~60 MPa정도)에 적합하다. 또한 누설이 적어 효율을 높일 수 있으며 구동축과 실린더 블록의 중심축이 경사진 사축식(bent axis)과 구동축과 실린더 블록을 동일축 상에 배치하고 경사판의 각도를 바꿈으로써 피스톤 행정을 변화하는 사판식(swash plate)이 있다.

[그림1-2-5]는 사축식 액셜 피스톤 펌프의 구조를 표시한 것으로 구동축을 회전시키면서 유니버설 링크(universal link)를 이용하여 실린더 블록내의 피스톤이 구동축에 지지되어 구동축과 함께 회전한다. 이와 함께 실린더 구멍에 대하여 상대적으로 왕복운동을 하게 한다.

사축식 액셜 피스톤(axial piston) 펌프는 구동축에 대하여 실린더 블록이 일정한 각도를 유지하며 고정되어 있는 정용량형과 구동축에 대하여 실린더 블록이 요동하여 피스톤의 스트로크를 변화시키는 가변 용량형이 있다.

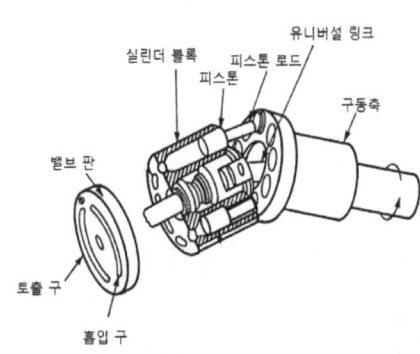

[그림1-2-5] 사축식 액셜 피스톤 펌프

피스톤 펌프의 특징은 다음과 같다.
(가) 고압에 적당하고 가변 용량형으로 운영하기 수월하다 .
(나) 펌프의 효율이 가장 높다.
(다) 유압유의 오염에 민감하고 흡입능력이 낮다.
(라) 사판식에 비해 사축식의 사용이 많은 편이다
〈표1-2-2〉는 일반적으로 사용하는 유압 펌프의 성능을 비교하였다.

5. 유압 펌프 취급상 고려 사항

유압 펌프는 조작이나 보관 관리에 사전 유의하여 운전하면 거의 고장을 방지할 수 있다. 취급상의 착오 때문에 일어나는 고장에 대한 주의 사항은 다음과 같다.

(1) 유압 펌프를 처음으로 시동할 경우
 (가) 차가운 펌프에 뜨거운 작동유를 사용하여 시동해서는 안 된다.
 (나) 신품인 베인 펌프는 압력을 걸어 시동하고 최초 5분 정도는 간헐적으로 작동시켜 길들여야 한다.
 (다) 시동 전에 회전 상태를 검사하여 플렉시블 캠링의 회전 방향과 설치 위치를 정확히 해 둔다. 그리고 필요한 곳에 주유되어 있는가를 확인한다.
 (라) 릴리프 밸브의 조정 나사의 위치를 바꾸지 않고 운전해 본 다음 릴리프 밸브를 사용하여 최고 압력에 설정하고 유압장치의 상태를 조사한다.
 (마) 작동유는 적절한 정도로 맑고 깨끗하게 해야 한다.

<표1-2-2> 유압 펌프 성능 비교

	종류	속도 범위 [rpm]	토출량 [cc]	토출압력 [bar]	전효율
	기어 펌프 [외접형]	500 - 3500	1.2 - 250	63 - 160	0.8 - 0.91
	기어 펌프 [내접형]	500 - 3500	4 - 250	160 - 250	0.8 - 0.91
	스크루 펌프	500 - 4000	4 - 630	25 - 160	0.7 - 0.84
	로터리 베인 펌프	960 - 3000	5 - 160	100 - 160	0.8 - 0.93
	액시얼피스톤 펌프	...... - 3000 750 - 3000 750 - 3000	100 25 - 800 25 - 800	200 160 - 250 160 - 320	0.8 - 0.92 0.82 - 0.92 0.8 - 0.92
	레디얼피스톤 펌프	960 - 3000	5 - 160	160 - 320	0.90

유공압 제어3(유압제어)

(2) 내화성 작동유를 사용할 경우의 유압 펌프

노(爐)에 가까운 곳이나 아주 높은 온도의 물체를 다루는 기계(이를테면 다이캐스트기와 같은 용융금속을 다루는 기계) 옆에서 유압장치를 사용한 경우에는 내화성 작동유를 써야 하며 오일의 누설이나 파손에 의한 오일의 유출 때문에 화재가 발생하지 않도록 주의하여야 한다.

고압유 관로의 파손으로 인하여 나오는 석유계 작동유는 쉽게 퍼지게 되므로 폭발 위험성이 높다. 보통 석유계 작동유는 고온(인화점 118℃)에 노출되면 발화한다. 그러나 내화성 작동유는 불에 닿으면 타지만 그곳을 통과하면 바로 꺼지므로 석유계 작동유과 같이 연소하지 않는 특성이 있다. 내화성 작동유를 사용하는 유압장치에는 특수한 패킹이나 그 외에 고려할 점이 있으므로 보통 작동유를 쓰는 기기보다 값이 비싸다.

또한 고온물을 다루는 기계 가까이에 유압장치를 설치하는 것은 피하여야 하며 제어장치로서 이들을 어떻게 배치할 것인가를 연구 조사하여야 한다.

내화성 작동유를 사용할 경우에는 작동유로서의 성능은 표준 석유계 작동유를 사용할 때보다 약간 뒤지고 값도 비교적 높지만 인명에 대한 재해를 방지할 수 있는 것이라면 그 비용을 보충하고도 남음이 있는 것이다. 이 때문에 각국의 상업용 항공기기는 모두 내화성 작동유를 사용하도록 규정하고 있으며 일반 산업계에서도 유압 조작의 안정성을 중요시 하게 되었다.

(3) 유압 펌프의 흡입구에서 캐비테이션(cavitation)

유압 펌프의 흡입 저항이 크면 캐비테이션이 일어나기 쉽다. 이 때문에 펌프의 용적 특성이 영향을 받아 유압 기기가 불규칙적으로 운동한다. 그러므로 캐비테이션에 의하여 오일이 증발하여 유압 펌프의 가압 행정에서 오일을 급격히 압축하므로 오일의 손상을 빠르게 하거나 고온으로 펌프를 파손시킬 위험이 있다.

이를 방지하기 위하여 다음 사항에 주의해야 한다.

(가) 오일 탱크의 오일 점도는 800 cSt(40,000 SSU)를 넘지 않도록 한다.
(나) 흡입구의 양정을 1m 이하로 한다.
(다) 흡입관의 굵기는 유압 펌프 본체의 연결구의 크기와 같은 것을 사용한다.
　　 (흡입 관로가 길어질 경우에는 보다 굵게 한다)
(라) 펌프의 운전 속도에는 규정 속도 이상으로 해서는 안된다.

(4) 펌프 운전시의 주의 (매일 점검)

(가) 배관의 연결부가 완전히 연결되고 있는지를 확인한다.
(나) 오일 탱크 속에 이물질이 있는가를 확인한다. 만약 작동유가 오염되어 있으면 다음과 같은 조치를 취해야 한다. 우선 펌프와 관로내의 오일을 완전히 빼내어 오일 탱크를 깨끗이 하고 먼지나 침전물을 완전히 제거한다. 다음 필터부품 또는 스트레이너를 교환하여 모든 장치를 두 번 이상 깨끗한 작동유로 씻어 내고 새 작동유를 미크론 필터나 200메시 또는 이보다 세밀한 망으로 여과시켜 오일 탱크나 펌프에 주유해야 한다.

(다) 작동유의 온도는 유온계에 의해 점검한다. 일반 광유계에서는 유온이 10℃ 이하에서는 주의해서 펌프를 가동하고 무부하 운전을 20분 이상으로 하여 적정 온도 (30 ~ 55℃)가 된 후 부하 운전을 하도록 하며 0℃ 이하에서의 운전 조작은 위험하므로 피하도록 한다.
(라) 유면계를 통하여 탱크 유량을 점검한다.

2 유압 밸브

1. 유압 밸브의 개요

유압장치에서 유체의 압력 제어, 흐름 방향의 전환, 속도를 제어하기 위한 유량 제어 등의 기능을 하는 유압 기기를 밸브라 한다.

유압장치의 기능상 밸브의 선택은 매우 중요하며, 그 형식이나 구동 장치, 제어 능력, 크기 등이 고려되어야 한다. 또한 이들을 기능면에서 분류하면 압력 제어 밸브, 방향 제어 밸브, 유량 제어 밸브로 크게 나누어진다. 〈표1-2-3 참조〉

압력 제어 밸브는 유압 회로내의 압력을 일정 값으로 설정하여, 회로내의 최고 압력을 제한하거나 사용하는 용도에 따른 압력의 크기로 감소할 때, 펌프를 무부하 상태로 할 때, 회로내의 압력 차이에 따라 구동장치의 순서를 결정하는 용도에 사용하는 경우 등에 사용되는 것으로서 릴리프 밸브, 감압 밸브, 언로드 밸브 및 압력 시퀀스 밸브 등이 이에 속한다.

이러한 압력 제어 밸브는 밸브의 급속한 개폐시에 이상 고압이 발생하는데 이 압력을 서지 압력(surge pressure)이라 하며, 이때 유압장치를 보호하는 역할을 한다.

또 서지 압력이 발생하면 순간적으로 회로내의 압력이 정상 압력의 4배 이상 증가되는데, 충격 흡수장치를 사용하면 된다.

방향 제어 밸브는 유압 회로내의 유체의 흐름 방향 전환 및 흐름의 단속에 사용되는 것으로 유압 액추에이터의 구동 방향을 조정하는 사용되며, 체크 밸브, 셔틀 밸브, 2방향, 3방향, 4방향 제어 밸브 등이 있다.

유량 제어 밸브는 유체의 유량을 제어하며, 압력 보상형 및 비보상형 밸브, 교축 밸브 분류 밸브가 이에 속한다. 체적형 펌프를 사용하여 유량을 제어할 수 있으나 각 개의 액추에이터 유량 조절에는 유량 제어 밸브가 사용된다.

또한 밸브의 입구와 출구의 유량은 압력에 따라 달라지므로 정확한 유량의 제어에는 압력 보상형을 사용하여야 한다.

유공압 제어3(유압제어)

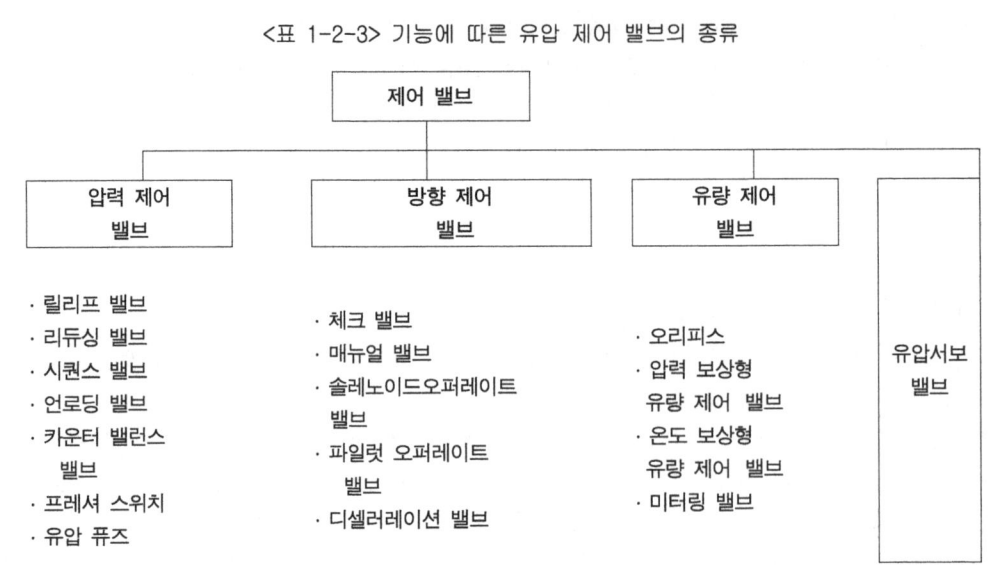

<표 1-2-3> 기능에 따른 유압 제어 밸브의 종류

- 제어 밸브
  - 압력 제어 밸브
    - 릴리프 밸브
    - 리듀싱 밸브
    - 시퀀스 밸브
    - 언로딩 밸브
    - 카운터 밸런스 밸브
    - 프레셔 스위치
    - 유압 퓨즈
  - 방향 제어 밸브
    - 체크 밸브
    - 매뉴얼 밸브
    - 솔레노이드오퍼레이트 밸브
    - 파일럿 오퍼레이트 밸브
    - 디셀러레이션 밸브
  - 유량 제어 밸브
    - 오리피스
    - 압력 보상형 유량 제어 밸브
    - 온도 보상형 유량 제어 밸브
    - 미터링 밸브
  - 유압서보 밸브

2. 압력 제어 밸브

(1) 릴리프 밸브

가장 많이 사용되는 압력 제어 밸브로서 거의 모든 유압장치에 사용되며 회로의 최고 압력을 제한하는 밸브로서 회로의 압력을 일정하게 유지시키는 밸브이다.

(가) 직동형 릴리프 밸브(direct acting spring type relief valve)의 작동원리

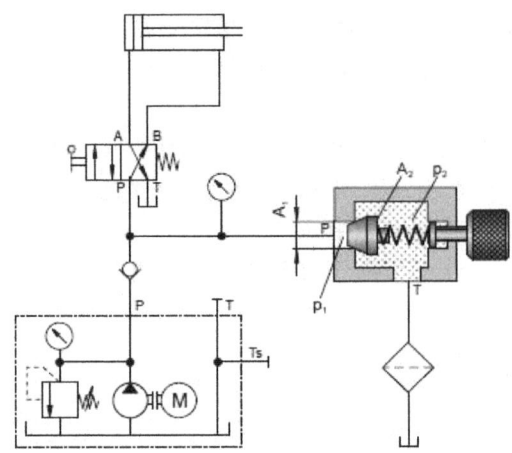

[그림 1-2-6] 직동형 릴리프 밸브의 작동원리

직동형 릴리프 밸브는 회로내의 최고 사용 압력을 제한하는 밸브이다. [그림 1-2-6]의 그림 오른 편에 표시한 릴리프 밸브의 단면을 보면 공급라인(P 포트)과 탱크라인(T포트)이 있고,

단원명 1 제로회어 구성하기

P 포트(입구)는 압력 회로에, 아래로 뚫려있는 T 포트(출구)는 기름 탱크에 연결된다.

릴리프 밸브의 P포트에 압력이 가해지기 전까지 P포트는 스프링의 반력($F = P_2 \cdot A_2$)에 의해서 P포트는 닫혀있게 된다. 이때 P포트에 압력이 가해지면 그 힘($F = P_1 \cdot A_1$)에 의해 스프링을 밀어 붙이게 되다. 회로 압력에 의하여 밸브 포핏을 미는 힘이 스프링의 힘보다 작은 경우에는 P포트의 유로를 차단하나, 압력이 높아져 스프링이 누르는 힘 보다 커지면 P 포트가 개방되어 작동유를 회로로부터 T포트를 거쳐 탱크로 귀환 시킨다.

이것을 릴리프라 하며, 이때 압축 에너지가 열에너지로 변하므로 고열을 발생시킨다.

회로의 압력이 설정 압력보다 낮아지면 밸브 포핏을 다시 부착된 스프링 힘으로 P포트를 닫아 버린다. 이와 같이 릴리프 밸브는 회로 압력을 일정 압력으로 유지시키면서 설정된 압력값을 넘지 못하게 한다.

배출구로부터 기름이 돌아올 때의 압력을 크래킹 압력(cracking pressure)이라 말한다.

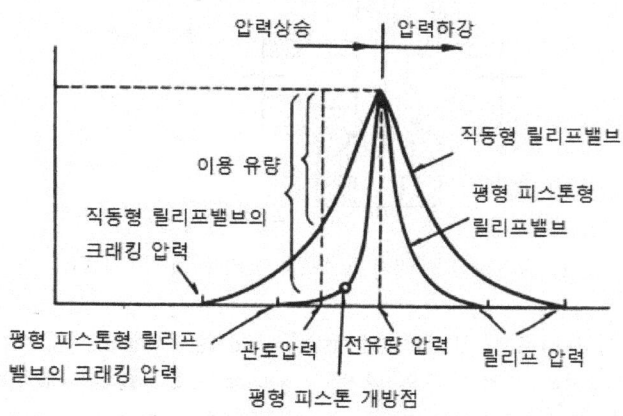

[그림 1-2-7] 직동형 릴리프 밸브의 특성

[그림 1-2-7]은 직동형 릴리프 밸브의 특성곡선이다.

직동식 릴리프 밸브에서 릴리프가 시작되어 릴리프 양이 증가하면 여기에 대응해서 압력 손실도 증가되어 회로 압력은 손실분만큼 크래킹 압력보다 높아진다.

그러므로 전유량 압력은 크래킹 압력보다 높아지고 또 전유량 압력시 스프링의 변형량도 크다. 이러한 현상은 밸브 포핏의 진동 원인이 된다.

즉 밸브의 포핏이 유압에 의하여 위로 올라가는 순간 회로 압력이 급강하 되므로 피스톤 은 급속히 스프링 힘에 의하여 올라간다.

이때 회로 압력을 다시 상승되어 피스톤은 올라가게 된다. 이와 같은 동작이 연속으로 되풀이 되어 심한 진동과 소음이 발생한다. 이러한 현상을 채터링(chattering)이라 말한다. 채터링은 밸브 시트를 건드려 정상적인 압력제어가 어렵게 되고 회로 전체에 불규칙한 진동 을 발생케 한다.

채터링은 스프링의 강성에 의한 것이 아니고 밸브 피스톤과 밸브 시트 사이에서 압력이 속도로 변화되기 때문이므로 밸브를 설계할 때에는 밸브 유속에 유의하여야 한다.

직동형 릴리프 밸브는 작은 회로 내에 체크 밸브가 있을 경우에는 압력 공진이 일어나기 쉽다.

전유량 압력과 크랭킹 압력과의 차압을 압력 오버라이드(pressure over ride)라고 말한다. 직동형 릴리프 밸브는[그림 1-2-8]에 표시한 바와 같이 압력 오버라이드가 비교적 크다. 압력 오버라이드를 적게 하기 위하여 평형 피스톤형 릴리프가 개발되었다.

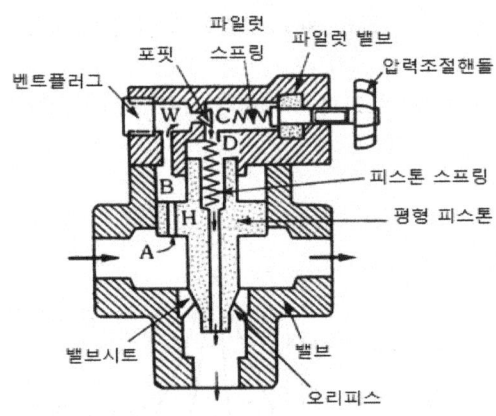

[그림 1-2-8] 평형 피스톤형 릴리프 밸브의 구조

(나) 평형 피스톤형 릴리프 밸브(balanced piston type relief valve)

이 밸브는 상하 양면에 압력을 받은 면적이 같은 평형 피스톤을 기본으로 해서 구성된 밸브로서 조절감도가 좋고 유량 변화에 따르는 압력 변동이 무시할 수 있는 정도로 적다. 그러므로 이 밸브는 압력 오버라이드가 극히 적고 채터링이 거의 일어나지 않는다.

[그림 1-2-9]에 이 릴리프 밸브의 구조를 표시하였다. 평형 피스톤형 릴리프 밸브는 작동면에서 2개의 부분으로 나누어 생각할 수 있다. 하나는 평형 피스톤을 스프링의 힘으로 시트에 밀착시키는 부분을 포함한 본체 부분이고 다른 하나는 유압으로 평형 피스톤의 작동을 제어하는 파일럿 밸브의 역할을 하는 윗덮개 부분이다.

압력 설정은 조정 나사로 조절한다. 평형 피스톤의 상하면(A실과 B실)은 가느다란 유로 H로 연결되어 있고, B실과 W실(벤트실)도 유로(H보다 굵다)로 연결되어 있다.

회로 압력이 설정 압력 이하일 경우에는 A실, B실, W실의 압력은 모두 회로 압력과 같다. A실과 B실의 압력이 같을 때에는 평형 피스톤 상하면에 작용하는 유압에 의한 힘은 같으므로 (압력면적이 같으므로) 평형 피스톤은 피스톤 상부에 스프링 힘에 의하여 본체의 시트에 부착되어 닫히는 위치에 놓인다.

또 포핏도 파일럿 스프링의 힘에 의하여 폐위치를 유지하게 된다. 만약 회로 압력(A실의 압력)이 설정 압력 이상으로 높아지면 유압은 평형 피스톤에 뚫려 있는 가느다란 유로 H를

통하여 B실의 압력도 증가하고 동시에 이 압력을 W실로 가서 파일럿 스프링의 힘을 이겨 포핏을 밀어 열게 된다.

 이때 유압은 파일럿 밸브실 C를 통해서 D를 지나 탱크로 흐른다. 이와 같이 작동유가 흐르기 시작하면 A실의 작동유는 평형 피스톤 상하면 사이에는 H에서 일어나는 손실 압력만큼의 압력차가 생겨 B실의 압력은 A실보다 낮아진다.

 회로내의 압력(A실 압력)이 더 한층 증대하여 A실의 압력에 의해서 피스톤을 밀어 올리는 힘이 B실의 압력에 의하여 피스톤을 밀어내는 힘과 피스톤 스프링의 힘을 합한 힘보다 커지면 피스톤을 위로 밀어 올리게 되어 탱크로 통하는 유로가 열리고 여분의 유압유가 탱크로 돌아온다.

 이때 압력 상승의 원인이 되는 회로 내 유체 저항이 변하지 않으면 피스톤 열린 관로 위치도 변하지 않고 그 위치에서 정지 상태로 머무른다. 회로 압력이 낮아지면 파일럿 밸브의 포핏이 닫히면서 평형 피스톤 상하 압력이 같아지므로 피스톤 스프링의 힘만에 의하여 평형 피스톤이 내려가 귀환유로를 막는다.

 이와 같은 동작이 회로 압력에 따라 되풀이 되면서 회로 압력을 일정한 압력으로 유지시킨다. 벤트실(W실)은 보통은 플러그로 막은 상태에서 사용되나 이 포트에 파일럿 밸브와 같은 구조의 다른 압력 제어 밸브를 접속하면 릴리프 밸브를 원격 조절할 수 있다.

(2) 감압밸브(pressure reducing valve)
 이 밸브는 유압 회로에서 어떤 부분 회로의 압력을 주회로의 압력보다 저압으로 해서 사용하고자 할 때 사용한다. ([그림 1-2-9] 참조)

[그림 1-2-9] 감압 밸브의 외형

유공압 제어3(유압제어)

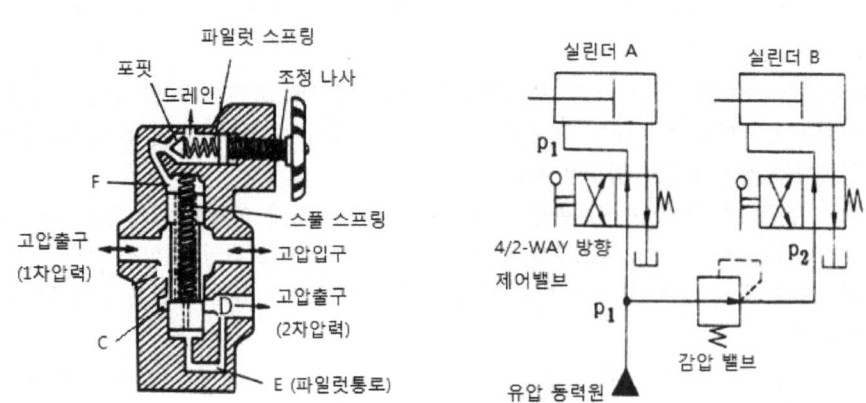

[그림1-2-10] 감압밸브의 구조와 회로에 사용한 예

[그림1-2-10]은 감압 밸브의 구조와 사용 예를 회로도를 나타낸 것으로 상부의 덮개 속에 내장되어 있는 파일럿 밸브는 포핏, 파일럿 스프링 및 조절 나사로 구성되어 있다.

조절나사로 포핏을 누르고 있는 파일럿 스프링의 힘을 조절함으로써 설정 압을 결정할 수 있다. 밸브 본체 안에는 스풀(spool)과 이것을 아래로 누르고 있는 스풀이 들어 있다.

2차 압력은 스풀의 위치에 따라 감압 출구로 통하는 C부의 개도 크기에 의하여 제어된다. 감압 밸브의 압력이 설정 압 이하이면 C부는 그림 (a)와 같이 전체에 연결되고 유압유는 허용 유량 내에서 아무런 저항을 받지 않고 고압입구로부터 감압 출구로 흐른다. 감압 출구의 압력은 통로 D, E를 거쳐 스풀의 밑 부분에 전해진다.

또 압력은 스풀에 뚫려있는 작은 구멍을 지나 스풀의 상단에도 가해져, 결과적으로 감압 출구의 압력은 스풀의 양 단면에 가해지게 되어 유압적 평형을 이룬다.

만일 감압 출구의 압력이 설정 압력보다 높아지면 그 압력은 D, E, F를 지나 상부 덮개에 있는 포핏을 밀어 유압유의 포핏을 지나 드레인 포트를 통해서 탱크에 환유한다.

이때 스풀의 상하면, F실과 E실의 압력은 스풀 중앙에 뚫려있는 작은 구멍에서 생기는 압력 손실만큼의 압력차가 생겨 스풀의 평형이 깨져 스풀은 위로 밀려 올라가는 동시에 스풀은 C부를 교축시켜 유압유 흐름에 저항을 주어 감압 작용을 한다.

이 감압 작용은 감압 출구 압이 설정 압력으로 될 때까지 계속한다. 감압 출구로부터 고압 입구 측으로의 유압유는 감압 출구의 압력이 설정압 이하일 경우에만 가능하다.

부하에 의하여 감압측압력이 설정 압력 이상으로 되면 스풀은 C부를 막아버리는 감압측 압력은 증대한다. 이와 같이 이 밸브를 출구 측으로부터 입구 측으로 역류가 생길 때 역류를 막는 작용을 하는 것이 릴리프 밸브와 본질적으로 상이한 점이다.

(3) 시퀀스 밸브(sequence valves)

이 밸브는 주회로의 압력을 일정하게 유지하면서 조작의 순서를 제어할 때 사용하는 밸브이다. 예를 들면 따로따로 작동하는 2개의 유압 실린더가 있을 때 한 쪽이 행정을 완료하면 다른 한 쪽의 실린더가 작동을 시작하게끔 작동 순서를 순차적으로 제어하고자 할 때 사용한다. 그러므로 이 밸브는 다음 작동이 행해지는 동안 먼저 작동한 유압 실린더를 설정압으로 유지시킬 수 있다.

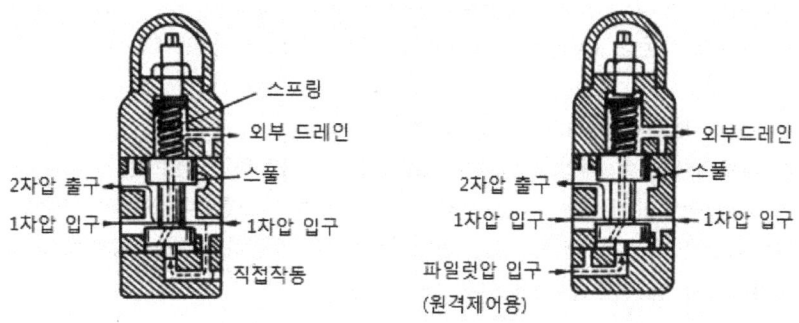

[그림 1-2-11] 시퀀스 밸브의 구조

[그림 1-2-11]에 밸브의 구조와 기호를 표시하였다. 구조는 무부하 밸브와 같으나 드레인 회로가 외부 드레인이다. 드레인 포트는 직접 탱크에 연결하여 사용한다.
만일 외부 드레인으로 하면 2차압이 스풀에 작용하여 스풀의 작동을 방해하기 때문이다. 그림의 왼쪽은 밸브를 작동시키는 파일럿 압력을 1차압 회로로부터 직접 취한 내부 파일럿형이고 오른쪽은 파일럿 압력을 외부로부터 취한 외부 파일럿형이다.

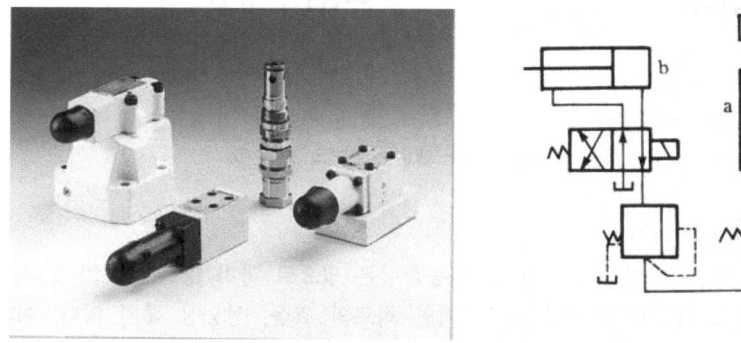

[그림 1-2-12] 시퀀스 밸브의 외형과 회로 예

외부 파일럿형은 원격 제어가 가능하다. 시퀀스밸브도 직동식 릴리프 밸브와 같은 설정압을 밸브내의 스풀을 밀고 있는 스프링의 변형량으로 조절한다.
내부 파일럿 형에서 1차압 입구로부터 흘러 들어오는 유압유는 파일럿 유로를 통하여 스풀 하단까지 유입되어 파일럿 압력으로 작용한다.
[그림1-2-12]의 회로도는 내부 파일럿형 시퀀스 밸브의 사용 예를 나타내어 놓았다. 그림에서 실린더 a가 위로 밀려 올라가는 동안은 회로 압력은 부하 W를 올리는데 필요한 압력만이

걸린다. 시퀀스 밸브의 설정 값을 이 압력에서 열리지 않게끔 설정하면 실린더 b는 a가 작동하는 동안 작동하지 않는다. 실린더 a의 행정이 끝나 피스톤이 상단으로 올라가면 회로 압력은 증가한다. 회로 압력이 시퀀스 밸브의 설정 압력보다 높아지면 밸브가 열려 실린더 b가 작동하여 피스톤은 좌측으로 이동한다. 밸브는 2차압 회로로부터 1차압 회로에의 역류는 저지되므로 시퀀스 작동은 1차압 회로로부터 2차압 회로로 흐를 때에만 작동이 가능하다.

(4) 카운터 밸런스 밸브(counter balance valves)
이 밸브는 회로의 일부에 배압을 발생시키고자 할 때 사용하는 밸브이다.
예를 들어 드릴 작업이 끝나는 순간 부하 저항이 급히 감소할 때 드릴의 돌출을 막기 위하여 실린더에 배압을 주고자 할 때 또는 연직 방향으로 작동하는 램이 중력에 의하여 낙하하는 것을 방지하고자 할 경우에 사용한다.

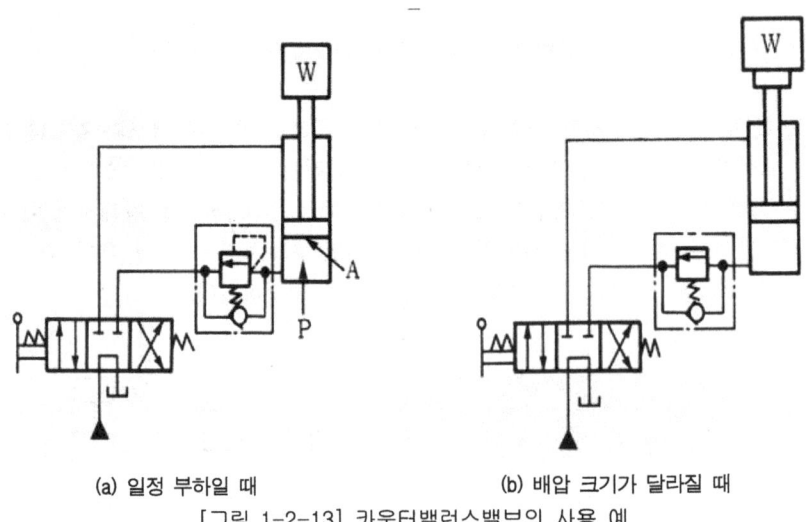

[그림 1-2-13] 카운터밸런스밸브의 사용 예

(5) 무부하 밸브(unload valves)
유압장치에서는 작동 중 항상 펌프의 전체 송출량은 필요로 하지 않은 경우가 있다. 불필요한 작동유를 릴리프 밸브로 탱크에 환유시키면 회로의 효율, 성능상 좋지 않다. 이와 같은 경우 무부하 밸브를 사용하여 펌프를 무부하 운전시켜 동력의 절감과 유온 상승을 막을 수 있다. 이 밸브는[그림1-2-13]과 같이 통상 고압 소용량, 저압 대용량 펌프를 조합 운전할 경우 설정 압이 규정 압력 이상으로 달했을 때, 저압 펌프를 무부하 운전시켜 동력 절감을 시도하고자 할 때 사용한다.

(6) 압력 스위치(pressure switch)
압력 스위치는 유압 신호를 전기 신호로 전환시키는 일종의 스위치이다. 이 스위치는 전동기의 기동, 정지, 솔레노이드 조직 밸브의 개폐 등의 목적에 사용한다.

이 스위치 구조상 다음과 같은 것들이 널리 사용된다.
(가) 소형 피스톤과 스프링과의 평형을 이용하는 것
(나) 부르동관(bourdon tube)을 사용한 것
(다) 벨로우즈(bellows)를 사용하는 것 등

[그림1-2-14]는 피스톤 방식의 압력 스위치의 설명도와 압력 스위치의 기호이다. 유압 회로의 압력은 A실로 통하고 있다. 회로압력이 볼 포핏 ①을 밀고 있는 스프링 ⑤의 압력보다 커지면 볼 포핏 ①을 위로 밀어 올려 유압유는 B실에 유입되어 피스톤 ②를 우측으로 민다. 피스톤이 우측으로 이동되면 우단부에 있는 전기 회로 개폐용 리밋 스위치를 작동시킨다.

A실의 압력이 볼 포핏 ①을 누르고 있는 스프링 ⑤의 압력보다 낮아지면 볼 포핏 ①은 다시 원위치로 내려오고 B실의 유압유는 피스톤 ②를 누르고 있는 스프링 ⑥에 의하여 밀려 볼 포핏 ④를 지나 압출된다. 리밋 스위치를 원상태로 복원시키는데 요하는 시간은 교축 밸브 ③을 조절해서 결정한다.

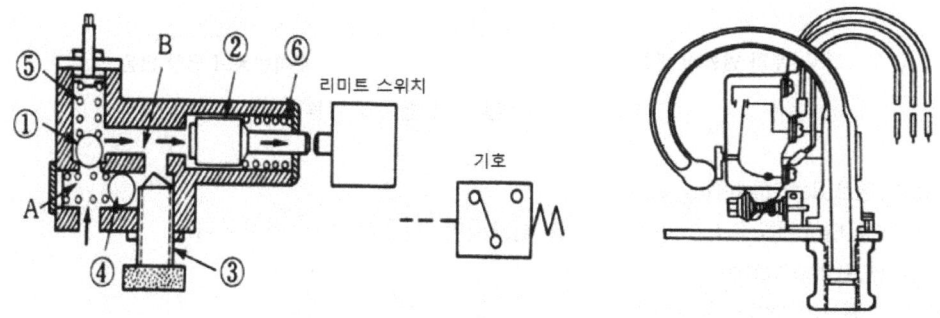

[그림 1-2-14] 피스톤형 압력스위치   [그림 1-2-15] 부르동관형 압력스위치

[그림1-2-15]는 부르동관형 압력 스위치이다. 부르동관의 자유단에 직접 스위치를 붙이든가 또는 파이프 끝의 변위를 확대 기구와 급 복원 기구에 의하여 수은 스위치를 이용해서 정도를 1~2% 전후로 한 것도 있다.

(7) 유체 퓨즈(fluid fuse)

유체 퓨즈는 회로 압이 설정 압을 넘으면 막이 유체 압에 의하여 파열되어 유압유를 탱크로 귀환시킴과 동시에 압력 상승을 막아 기기로 보호하는 역할을 한다.

설정 압은 막의 재료 강도로 조절한다. 그러므로 여러 가지 막을 만들어 놓고 교환을 쉽게 할 수 있게 해서 소정의 막을 끼워 사용한다. 유체 퓨즈를 과대한 압력 상승으로부터 기기를 보호하는 다른 압력 제어 밸브보다도 급격한 압력 변화에 대해서 응답이 빨라 신뢰성이 좋다. 그러나 맥동이 큰 유압장치에서는 부적당하다.

유공압 제어3(유압제어)

3. 유량 제어 밸브

유량 제어 밸브(flow control valves)는 유압장치의 제어부로서 작동유의 유량을 조절하는 밸브이며 대별하면 다음과 같다.

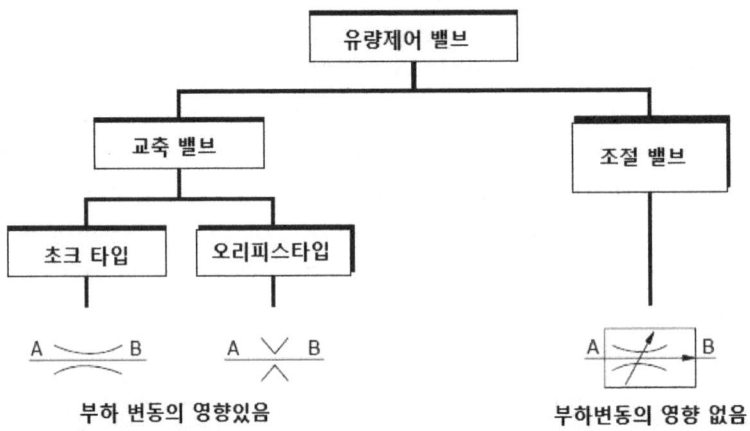

[그림 1-2-16] 유량제어 밸브의 분류

(1) 교축 밸브(flow metering valves)

유량 조정 밸브 중 구조가 가장 간단한 밸브이며, 다음과 같이 분류한다.
- 스톱 밸브(stop valves)
- 스로틀 밸브(throttle valves)
- 스로틀 체크 밸브(throttle and check valves)

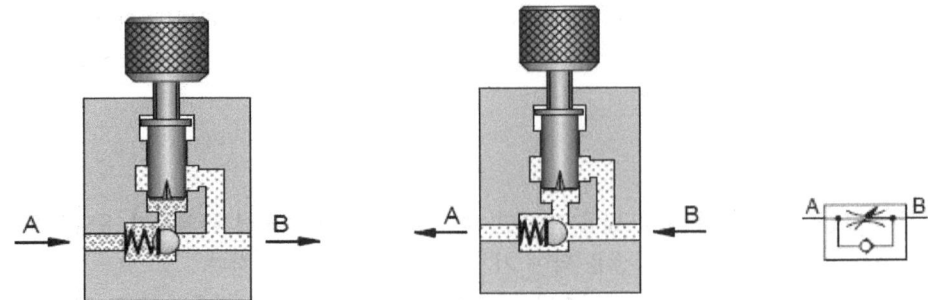

[그림 1-2-17] 스로틀체크밸브의 작동원리

(가) 스톱 밸브

상수도용, 유압용 등의 다양한 용도에 사용되고 있는 교축 밸브이다. 조정 핸들을 조작함으로써 스로틀 부분의 단면적을 변경시켜 통과하는 유량을 조절하는 밸브이다.

그러나 유압용으로 사용할 경우 교축 전후의 압력차이가 클 때에는 미소 유량을 조정하기가 어렵기 때문에 작동유의 흐름을 완전히 멎게 하든가 또는 흐르게 하는 것을 목적으로 할 때 사용한다.
(나) 스로틀 밸브
 유압 구동에서 가장 많이 사용되고 있는 밸브로서 핸들을 조작하여 밸브안의 스풀을 미소 유량으로 움직임으로서 대유량까지 조정하는 밸브이며, 일반 산업기계에 널리 사용되고 있으며 교축 전후의 압력차가 증가해도 미소 유량을 조절하기가 용이한 것이 특징이다.
(다) 스로틀 체크 밸브
 그림 [1-2-17]은 스로틀 체크 밸브와 유압 기호를 표시한 것으로 유압 기호에서 알 수 있듯이 스로틀 밸브는 양쪽 방향과 흐름에 대한 제어가 가능하지만 스로틀 체크 밸브는 한쪽 방향으로의 흐름은 제어하고 역방향의 흐름은 제어가 불가능하다.

(2) 유량 조절 밸브(압력 보상) : (pressure compensated valves)
 유량 조정 밸브는 압력 보상 기구를 내장하고 있으므로 압력의 변동에 의하여 유량이 변동되지 않도록 회로에 흐르는 유량을 항상 일정하게 자동적으로 유지시켜 준다.
 스로틀밸브(2)를 조절하여 유량을 조절하면 압력 보상 스풀(1)과 스프링의 작용에 의하여 유량 조정축과 교축부의 전후의 압력차를 일정하게 유지시켜 준다. 유량 조정부가 완전히 닫혀도 역류는 유량 조정 범위와 압력 이하에서 흐른다.

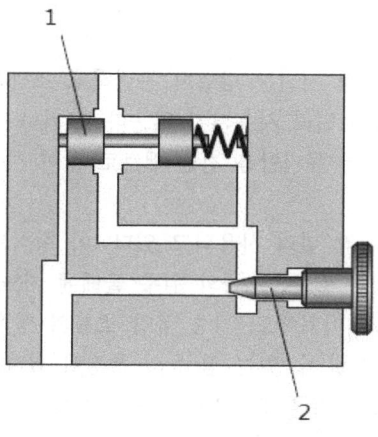

[그림 1-2-18] 유량조절밸브 ‘9압력보상)의 작동원리

(3) 바이패스(by pass) 유량 제어 밸브
 바이패스 유량 제어 밸브는 펌프의 전 유량을 한 가지 기능에 사용하는 경우나 다른 기능을 위해 유량을 흘려보내야 하는 경우 등에 사용된다.
 이 밸브는 오리피스나 스프링을 사용하여 유량을 제어하며 유동량이 증가하면 바이패스(by-pass)라인으로 오일을 방출하여 회로의 압력 상승을 방지한다. 여기서 바이패스된 오일은 다른 기능의 용도에 사용되거나 탱크로 귀환된다.

유공압 제어3(유압제어)

4. 방향 제어 밸브

(1) 방향 제어 밸브(directional control valves)의 형식

전환 밸브에 사용되는 밸브의 기본 구조는 포핏 밸브식(poppet valve type), 로터리 밸브식(rotary valve type), 스풀 밸브식(spool valve type)으로 구별할 수 있다.

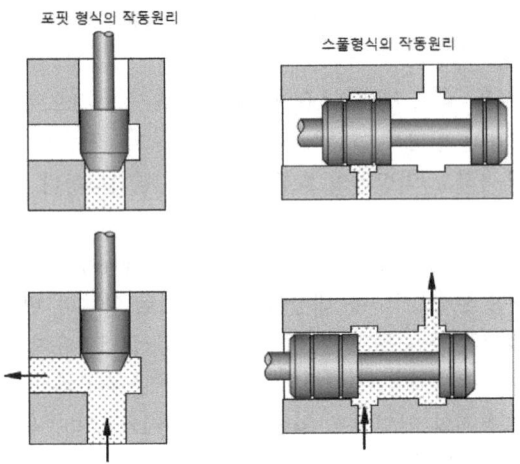

[그림 1-2-19] 방향제어 밸브의 작동형식 구조

(가) 포핏 형식

이 형식은 밸브의 추력을 평형 시키는 방법이 곤란하고 조작의 자동화가 어려우므로 고압용 유압 방향 전환 밸브로서는 널리 사용되지 않는다. 그러나 밸브 부분에서의 내부 누설이 적고 조작이 확실하다는 점에서 공기압용 전환 밸브로 많이 사용한다.

(나) 스풀 형식

이 형식은 전환 밸브로서 가장 널리 사용되고 있다. 이 형식의 밸브는 스풀 축 방향의 정적 추력 평형이 얻어지는 것은 물론, 스풀의 원주 둘레에 가느다란 홈을 파 놓으면서 측압 평형도 쉽게 얻을 수 있는 것 이외에도, 각종 유압 흐름의 형식을 쉽게 설계할 수 있는 점, 각종 조작 방식을 쉽게 적용시킬 수 있는 점 등의 특징이 있다.

그러나 밸브 실린더 안을 스풀이 미끄러지며 운동하여야 하므로 약 $10\sim20\mu m$의 간격을 필요로 한다. 그러므로 이 간격을 통하여 약간의 누유가 따르게 되는 점이 결점이다. 그래서 로크(lock) 회로에는 이 형식을 쓰지 않고 포핏 형식을 사용하는 것이 장시간 확실한 로크를 할 수 있다.

(다) 로터리 형식

이 형식은 일반적으로 회전축에 직각되는 방향으로 측압이 걸리고, 또 로터리에 많은 유압유 통로를 뚫어야 하기 때문에 밸브 본체가 비교적 대형이 된다. 그러므로 고압 대용량에는 불리하다. 이 형식의 밸브는 구조가 간단하고 조작이 쉬우면서 확실하므로 유량이 적고 압력이 낮은 원격 제어용 파일럿 밸브로 사용되는 경우가 많다.

(2) 방향 제어밸브의 위치수, 포트수, 방향수(number of positions, ports and ways)
(가) 위치 수(number of positions)

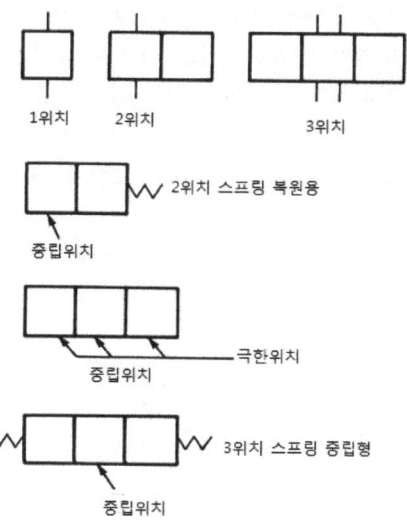

[그림 1-2-20] 방향제어 밸브의 위치

방향 제어 밸브 내에서 다양한 유로를 형성하기 위하여 밸브기구가 작동되어야 할 위치를 밸브 위치라 말한다. [그림1-2-20]와 같이 방향 제어 밸브에서 이용되고 있는 위치 수는 1위치, 2위치, 3위치의 것이 있고 3위치의 것이 가장 많이 사용되고 있다.

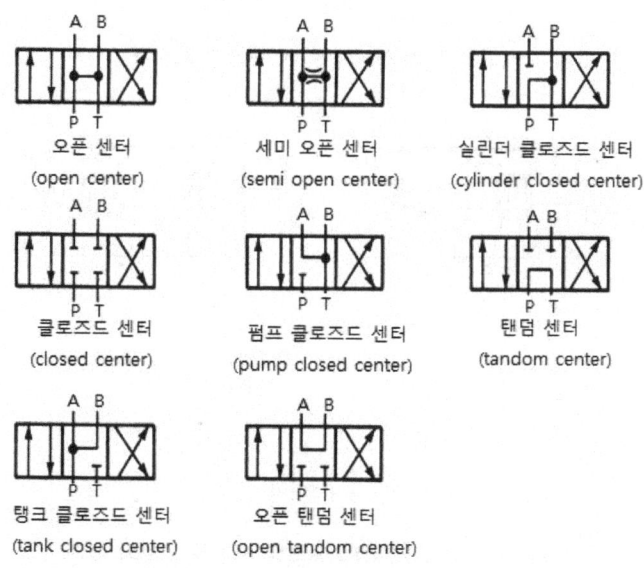

[그림 1-2-21] 중립위치에서 유로의 형식

유공압 제어3(유압제어)

양측 스프링 부착 3위치 밸브에서 밸브의 조작 입력이 가해지지 않을 때의 위치를 중립위치라 하고, 조작 입력을 가해서 위치를 변환시킨 후 입력을 제거하면 스스로 원위치(중립위치)로 되돌아오는 밸브를 스프링 복원형(spring off set type)이라 한다.

3위치 전환 밸브는 중앙위치가 중립위치이고 좌우의 양위치를 양단위치(extreme position)라 한다. 또 조작 압력이 가해지지 않을 때 스프링의 힘으로 중립위치에 되돌아오는 밸브를 스프링 중립형이라 한다. 양단 위치는 흐름의 방향을 반대로 유로를 만드는 것이 보통이다. 중립위치에서 유로 형식은 사용목적에 따라 [그림 1-2-20]과 같이 여러 가지를 생각할 수 있다.

(나) 방향 제어 밸브의 호칭 법

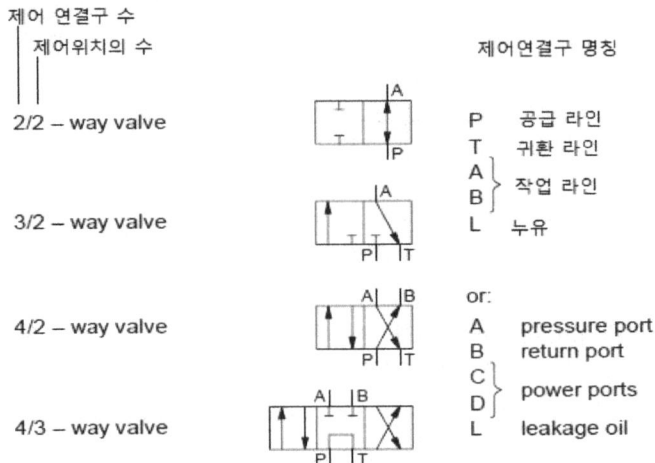

[그림 1-2-22] 방향제어밸브의 호칭법

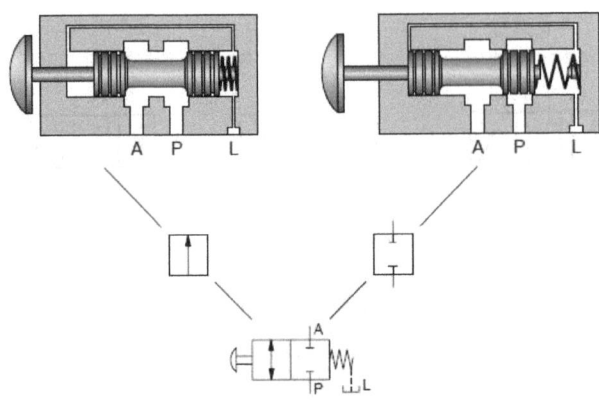

[그림 1-2-23] 방향제어밸브의 구조와 기호의 관계

방향제어 밸브의 기호를 보고 그 기능에 맞게 밸브를 선택하려면 방향제어 밸브의 호칭을 이해하고 그 의미를 알아야 한다. 방향제어 밸브의 기호는 정사각형으로 나타내는데, 이 정사각형은 제어 위치, 즉 스위칭 위치를 나타낸다. 또한 사각형 내의 화살표는 열림 유로이며 알파벳대문자 "T" 처럼 보이는 것은 유로가 닫혔음을 의미한다.

 방향 제어 밸브의 이름을 나타내는 방법은 첫째, 1개의 정사각형 내에서 제어 연결구의 개수가 몇 개인지 그 수를 파악하고, 둘째로 제어 위치의 수, 즉 사각형의 개수가 몇 개인지 알면 된다. 따라서 [그림 1-2-22]의 맨 위 그림을 보면 제어 연결구가 2개이고 제어 위치가 2개가 됨을 알 수 있다. 따라서 이 밸브의 이름은 2/2 -way 방향제어 밸브가 된다. 2/2-way 밸브의 내부 구조와 기호와의 관계를 [그림1-2-23]에 나타내었다.

명 칭	밸브 위치	기 호
2/2-way 밸브	정상위치 닫힘 (Normal position) "closed" (P, A) 정상위치 열림 (Normal position) "flow" (P → A)	
3/2-way 밸브	정상위치 닫힘 (Normal position) "closed" (P, T→A) 정상위치 열림 (Normal position) "flow" (P→A, T)	
4/2-way 밸브	정상위치 (Normal position) "flow" (P→B, A→T)	
5/2-way 밸브	정상위치 (Normal position) "flow" (A→R, P→B T)	
4/3-way 밸브	중립위치 (Mid position) "closed" (P, A, B, T)	
4/3-way 밸브	중립위치 (Mid position) "Pump re-circulating" (P→T, A, B)	
4/3-way 밸브	중립위치 (Mid position) " H Mid position" (P→A→B→T)	
4/3-way 밸브	중립위치 (Mid position) " Working lines de-pressurised" (P, A→B→T)	
4/3-way 밸브	중립위치 (Mid position) " By-pass" (P→A→B, T)	

[그림 1-2-24] 방향제어밸브의 명칭과 밸브기호

유공압 제어3(유압제어)

(다) 포트수와 방향수(number of ports and ways)

방향 제어 밸브에 있어서 밸브와 주 관로(파일럿과 드레인 포트는 제외)와의 접속구 수를 포트 수 또는 접속 수라 한다. [그림 1-2-24]에는 방향제어밸브의 명칭과 밸브기호를 제시하였다.

(라) 전환 조작 방법

조작 방식은 수동 조작(인력 조작), 기계적 조작, 솔레노이드 조작(전자방식, solenoid), 파일럿 조작, 솔레노이드 제어 파일럿 조작 방식이 사용되고 있다. 이들 조작 방식을 기호로 표시하면[그림1-2-25]와 같다.

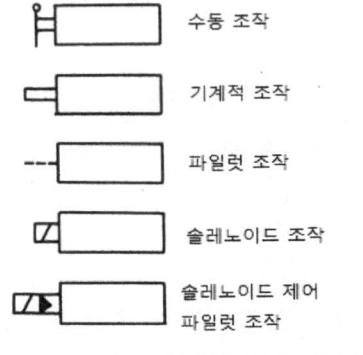

[그림 1-2-25] 방향제어밸브의 조작 기호

(3) 2위치 2포트 밸브(two position two port connection valves : 2/2-way valve)

[그림1-2-26]과 같이 1개의 유로가 단순한 개폐 작용만하는 전환 밸브이다. 밀폐 부분에 유압유가 들어가면 국부적으로 승압되어 측압이 걸리는 것을 막기 위하여 드레인 탱크에 연결시켜 사용한다. 이 밸브는 상시 열림형과 상시 닫힘형이 있고 비교적 저압 소 용량에 사용한다.

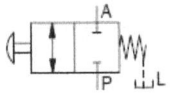 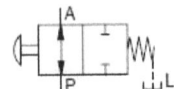

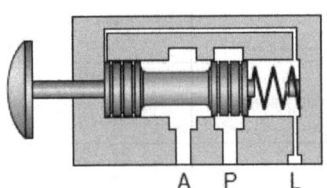 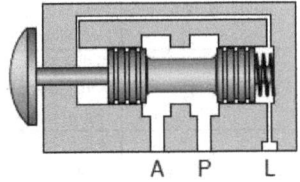

[그림 1-2-26] 2/2-Way 방향제어밸브의 작동

(4) 2위치 3포트 밸브(two position three port connection valves : 3/2-way valves)

[그림 1-2-27]에 표시한 구조를 갖는 방향 제어 밸브로서 주 포트는 P, A, T 포트로 이루어지고 주로 단동 실린더의 제어에 사용한다. 스풀의 전환은 2위치에서 작동되어지고 P의 유압유는 밸브 내에서 A를 통하여 실린더를 제어하고 T를 통하여 탱크로 귀환 한다.

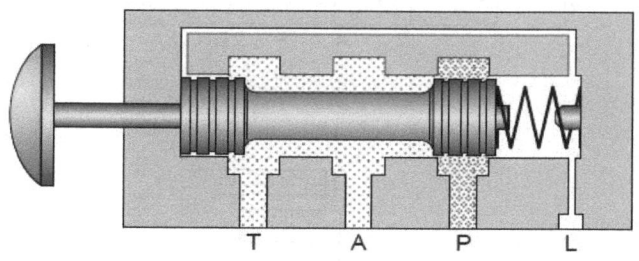

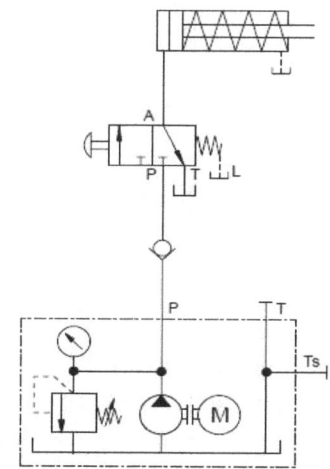

[그림 1-2-27] 3/2-Way 방향제어밸브의 구조와 회로 사용 예

(5) 2위치 4포트 밸브(two position four port connection valves : 4/2-way valves)

이 밸브는 P, T, A, B의 4개의 포트를 갖고 스풀의 이동에 따라 밸브 내에서 4개의 유로를 형성하는 방향 전환 밸브로서 보통 4방 밸브라 말한다. 4방 밸브는 회전 스풀과 직동스풀이 있고 2위치 밸브와 3위치 밸브가 보통 사용된다. 이 밸브는 회전 스풀형 로터리 밸브(rotary valve)와 직선 위를 미끄러져 운동하는 직동 스풀 밸브(slide spool valve)가 있다.

로터리 밸브는 유압적 평형이 어렵고 측압을 받으므로 핸들을 작동하는데 많이 이용된다.

직동 스풀 밸브는 유압적 평형이 쉽게 이루어지므로 고압 대용량의 밸브에도 적합하다.

이러한 이유로 가장 널리 사용되고 있는 밸브이다. 2위치 4방향 밸브의 T포트를 플러그로 막으면 2위치 2방향 밸브가 된다. 또 T포트와 A, B 중 어느 한 포트를 막으면 1방향 밸브로

유공압 제어3(유압제어)

도 사용할 수 있다. 4/2-way 밸브의 내부 구조와 회로 사용 예를 [그림1-2-28]에 나타내었다.

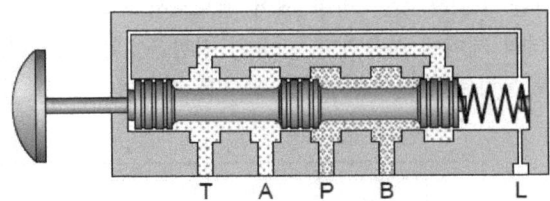

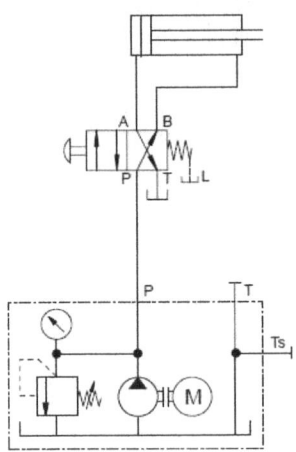

[그림 1-2-28] 4/2-Way 방향제어밸브의 구조와 회로 사용 예

(6) 3위치 4방향 밸브(three position four way valves)

이 밸브는 직동 스풀 밸브로서 스풀의 전환 위치가 3개이나 그중 좌우 양단 위치는 밸브와 동일한 기능을 가지나 중립위치에서 밸브 특유의 유로를 형성시켜 여러 가지 기능을 갖는 밸브가 된다. 중립위치의 형식은 [그림1-2-21]과 같다. [그림 1-2-29]은 4/3-way 밸브를 사용한 기호 회로와 사용한 4/3-way 밸브의 내부 구조를 나타내었다.

5. 체크 밸브(check valves)

체크 밸브는 한 방향의 유동을 허용하나 역방향의 유동은 완전히 저지하는 역할을 하는 밸브로서 [그림 1-2-30]과 같이 밸브 본체, 포핏(볼, 시트, 스프링) 등의 부품으로 구성되어 있다. 또 형식에 따라 흡입형, 스프링 부하형, 파일럿 조작형 등으로 나눈다.

(1) 흡입형 체크 밸브

흡입형 체크 밸브는 공동 현상 발생을 방지할 목적으로 사용한다. 즉 펌프 흡입구 또는 유압 회로의 부(-)압 부분에 이 밸브를 사용하여 유압이 어느 정도 압력 이하로 내려가면 포핏이 열려 유압유를 보충한다.

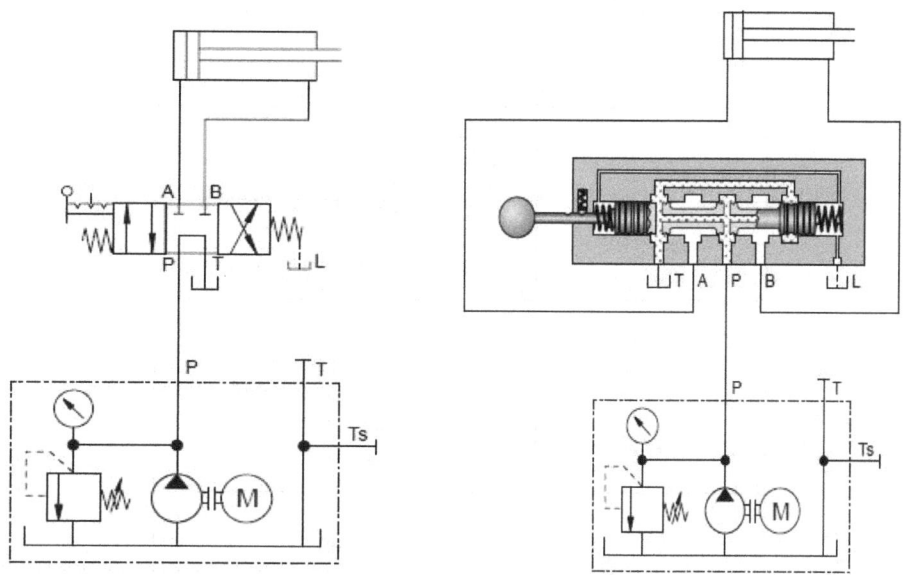

[그림 1-2-29] 4/3-Way 방향제어밸브를 사용한 회로의 예

(2) 스프링 부하형 체크 밸브

이 밸브는 관로 내에 항상 유압유를 채워 놓을 경우나 열 교환기나 필터에 급격한 고압유가 흐르는 것을 막고 기기를 보호할 목적으로 사용하는 일종의 안전밸브이다. ([그림1-2-30] 참조)

기호:

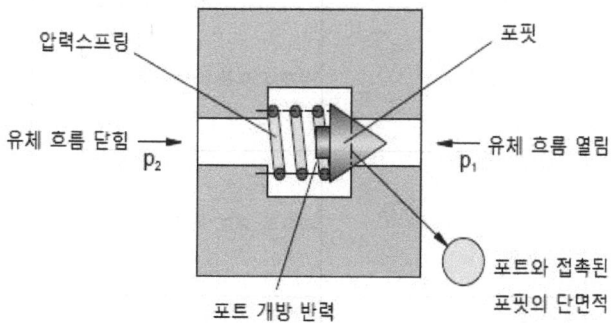

[그림 1-2-30] 체크밸브(스프링 부하형)의 구조

유공압 제어3(유압제어)

체크 밸브 (Non-return valves)	명 칭
	체크 밸브, 무부하 (Non-return valve, unloaded)
	체크 밸브, 스프링 부하 (Non-return valve, spring-loaded)
	파일럿조작 체크밸브, 닫힘 가능 Lockable non-return valve (opening of the valve is prevented by a pilot air supply or hydraulic supply)
	파일럿조작 체크밸브, 열림 가능 De-lockable non-return valve (closing of the valve is prevented by a pilot air supply or hydraulic supply)
	셔틀 밸브, OR 밸브 shuttle valve
	더블 파일럿 작동 체크밸브 double non-return valve (De-lockable_piloted)

[그림 1-2-31] 체크밸브(스프링 부하형)의 종류

(3) 파일럿 조작 체크 밸브(pilot operated check valves)

이 형식은 작동 방식이 스프링 부하형과 같으나 필요에 따라서는 파일럿 작동에 의하여 역류도 허용될 수 있는 밸브이다. ([그림 1-2-32] 참조)

파일럿 체크 밸브 (Piloted non-return valves)	기 능
	유체의 흐름 B→A 막힘
	유체의 흐름 A→B 흐름
	파일럿 라인 X에 신호를 주면 유체의 흐름 B→A 흐름

[그림 1-2-32] 체크밸브(스프링 부하형)의 동작

6. 비례제어 밸브

비례제어밸브는 기계의 메카니즘에서 요구되는 액추에이터의 동작 특성에 따라 밸브로의 입력 신호가 계속 변하게 되는데, 이 입력신호에 대한 출력신호도 비례적으로 변하게 되는 밸브를 비례제어밸브라 한다. 위치 제어기능이 없는 전자비례밸브는 히스테리시스나 반복 정확도가 떨어지나 가격적인 측면에서 장점을 가지고 있다.

이는 Open-loop에서 정밀도가 높은 전자비례밸브를 사용할 경우 Closed-loop시스템의 결과치와 동일한 효과를 얻을 수 있다.

7. 서보 밸브

서보 밸브는 유체의 흐름 방향을 조절할 수 있으며, 유량을 조절하는 기능도 한다. [그림 1-2-33]에는 위치 조정을 하기 위하여 힘을 증폭하는데 사용된 기계식 서보 밸브(servo valve)를 나타내었다. 밸브의 스풀이 힘을 가해 오른쪽으로 이동시키면 유체는 P1을 통하여 실린더 내부에 작동하여, 이때 증폭된 힘이 피스톤 로드를 후진시키면 피드백(feed-back) 기구가 미끄럼 슬리브를 오른쪽으로 이동시켜 피스톤, 로드가 밸브의 막힐 위치까지 이동할 수 있도록 조정한다.

이러한 밸브는 축의 운동 방향 및 변위를 결정하며, 자동차의 조향장치 등에 많이 사용된다. 즉 자동차의 핸들이 회전하는 미소한 양만큼 적당한 크기를 바퀴의 방향을 조절하게 된다.

근래에는 기계적 서보 형식 대신에 전기 전자적인 장치와 결합되어 소형이며 간편하고 유용하게 사용하고 있다.

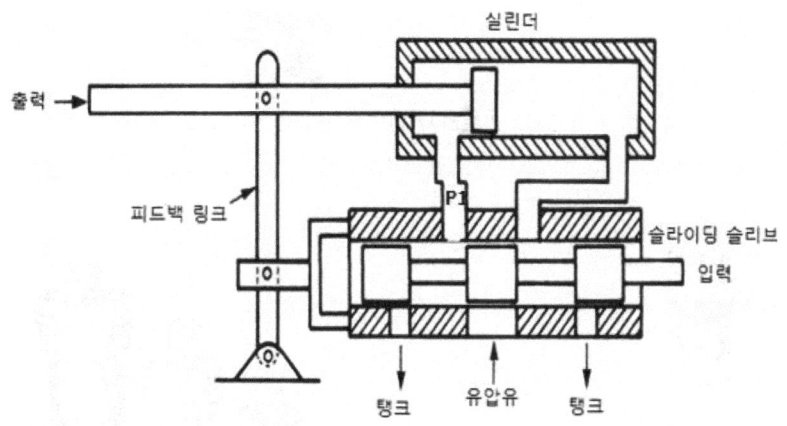

[그림 1-2-33] 기계식 서보 밸브의 개략도

8. 카트리지 밸브

튜브 및 호스, 커플링 등에 의하여 유압 밸브를 연결시켜 회로를 구성하는 방식은 세계적 시장 경쟁에서 보다 효율적이고 경제적인 유압 시스템이 요구 되었다.

유공압 제어3(유압제어)

　집적 유압회로는 이러한 향상을 이룰 수 있는 검증된 방법으로서 [그림 1-2-34]와 같이 여러 가지의 카트리지 밸브와 그 외의 부품을 하나의 가공된 매니폴드 블록에 통합하여 구성한 집적된 유압시스템이다.

　[그림 1-2-35]와 같은 카트리지 밸브는 요구된 기능을 수행할 수 있도록 매니폴드 블록의 공간에 단일 밸브 또는 다른 카트리지 밸브와 유압 부품이 함께 조립될 수 있게 설계되었다.

　밸브의 조립은 나사형 설계 또는 슬립인 설계에 의하여 매니폴드 안에 조립되어 있다. 이 밸브의 장점은 소형화가 가능하고, 회로를 하나의 블록으로 집약할 수 있다는 점이다.

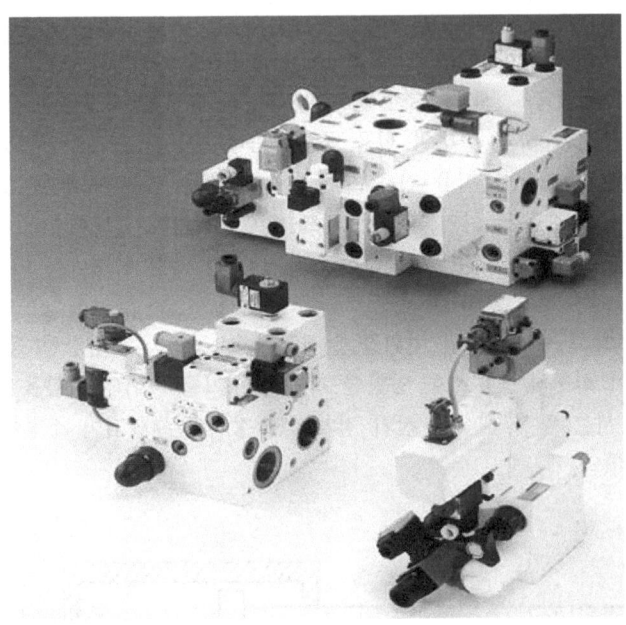

[그림 1-2-34] 카트리지 밸브를 조합한 매니폴드 블록

[그림 1-2-35] 카트리지 밸브

③ 유압 액추에이터

1. 유압 액추에이터의 개요

유압 펌프가 일정 거리에 있는 작동기에 압력을 보내기 위해 에너지를 유압장치에 가하는 기구인 반면에 유압 액추에이터는 펌프에서 보내어진 작동유의 압력 에너지를 기계적 에너지로 바꾸는 기기이다. 유압 액추에이터는 직선 왕복운동을 주로 하는 유압 실린더와 회전운동을 하는 유압 모터로 구분될 수 있다.

유압 모터는 연속적인 회전을 하는 형태와 일정하게 제한된 각도 내에서 왕복 각 운동을 하는 것이 있다. 연속적인 회전의 경우를 보통 유압 모터라 하며, 제한 운동을 하는 것을 진동 유압 모터(vibration hydraulic oil motor) 또는 요동형 모터라고 한다. 유압 모터는 형상이 펌프와 같으나 하는 일은 반대이다.

2. 유압 실린더

유압 실린더는 작동형식에 따라 단동식과 복동식이 있다. [그림 1-2-36]과 같은 단동식의 경우는 피스톤 측에 압력이 작용하여 한 쪽 방향으로 유용한 일을 하고 귀환은 반대 방향에서의 중력이나 실린더 내부에 있는 스프링에 의해서 이루어진다.

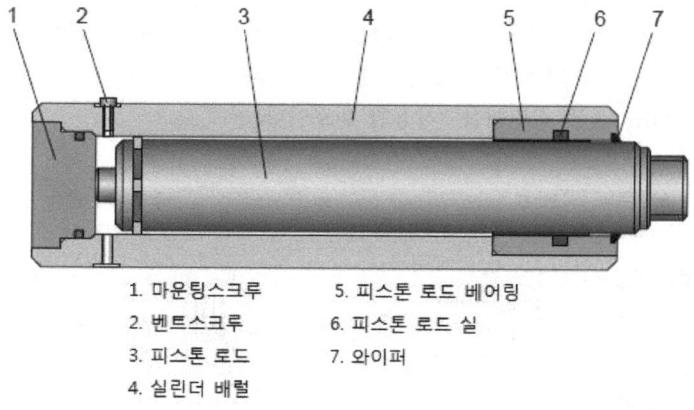

1. 마운팅스크루
2. 벤트스크루
3. 피스톤 로드
4. 실린더 배럴
5. 피스톤 로드 베어링
6. 피스톤 로드 실
7. 와이퍼

[그림1-2-36] 단동 실린더

작동방법은 피스톤 측의 오일 입구를 통해 오일이 일정 압력으로 공급되면 피스톤 로드가 전진하여 일을 하고 사용된 오일의 귀환은 피스톤 로드 측에 작용하는 부하에 의해서 하게 된다.

구조가 간단하여 프레스나 리프팅(lifting) 장치 등의 간단한 작동장치에 많이 사용된다.

램형은 피스톤이 없이 로드 자체가 피스톤의 역할을 하며, 로드의 지름은 피스톤 지름보다 작게 설계한다. 실린더 내부에 있는 로드의 끝에는 대부분 홈을 파서 링을 끼워 로드가 빠져나가지 못하게 되어 있다.

램형은 피스톤형에 비해 로드가 굵기 때문에 부하에 의한 휨의 영향이 적고, 패킹이 실린더

유공압 제어3(유압제어)

내부에 설치되지 않으므로 실린더 내부가 보호되며 공기구멍이 필요치 않다.

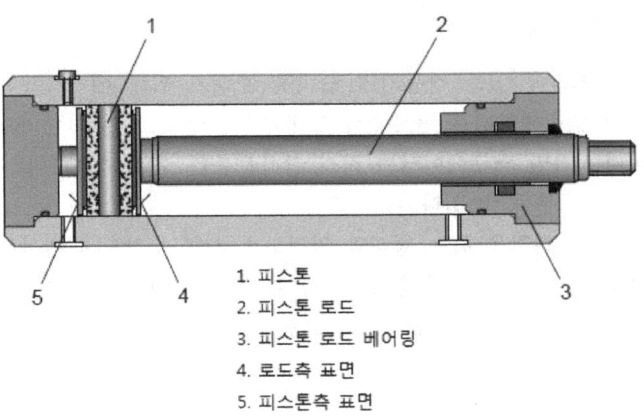

1. 피스톤
2. 피스톤 로드
3. 피스톤 로드 베어링
4. 로드측 표면
5. 피스톤측 표면

[그림1-2-37] 복동 실린더

복동 실린더의 구조는 [그림 1-2-37]과 같고 피스톤의 양쪽에 유체의 출입구(port)가 있어 실린더의 양쪽 방향으로 유용한 일을 할 수 있으며, [그림1-2-38]과 같이 유압이 작동되면 다른 한 쪽의 오일은 귀환 관로를 통하여 탱크로 되돌려 진다.

또한 피스톤을 중심으로 양쪽에 피스톤 로드가 설치된 양측 로드형 실린더도 있다. 또한 단동식이나 복동식의 어느 형식이든 오일의 누출을 방지하기 위한 패킹이나 개스킷이 설치되어 있다. [그림1-2-39]는 복동 실린더를 사용한 회로이다.

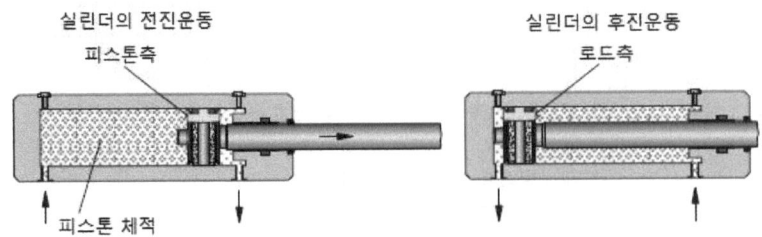

[그림1-2-38] 복동 실린더의 전 후진 운동

그 외의 실린더는 [그림1-2-40]에 나타낸 것처럼 여러 형태의 실린더가 그 용도에 따라 사용되는데 일반적으로 많이 사용하는 실린더는 다단 실린더 등의 형태이다.

다단 실린더는 텔레스코프형과 디지털(digital)형이 있는데 텔레스코프형은 유압 실린더 내의 수개의 실린더가 내장되어 있어 압력이 실린더에 작용하면 순차적으로 실린더가 이동하여 실린더 길이에 비하여 긴 행정 거리를 얻을 수 있는 엘리베이터와 덤프트럭 등에서 사용되며, 디지털형은 다위치형과 같은 형태이다.

단원명 1 제로회어 구성하기

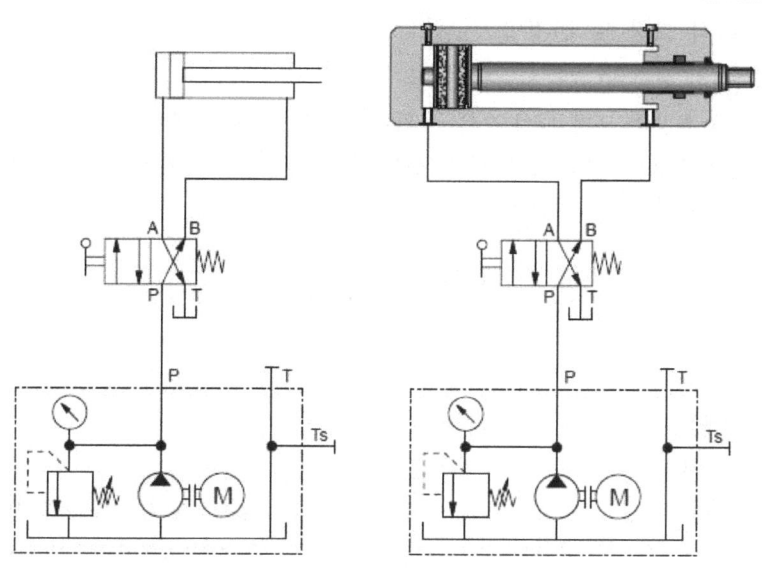

[그림1-2-39] 복동 실린더 사용 회로

명 칭	내부 구조	기 호
차동 실린더		
양로드 실린더		
쿠션붙이 실린더		
텔레스코픽 실린더		
증압기		
탠덤실린더		

[그림1-2-40] 여러 형태의 실린더

57

유공압 제어3(유압제어)

3. 유압 실린더의 호칭 및 선정법

(1) 유압 실린더의 호칭 법

유압 실린더의 호칭은 규격 명칭 또는 규격 번호, 구조 형식, 지지 형식의 기호, 실린더 안지름, 로드 지름 기호, 최고 사용 압력, 쿠션의 구분, 행정 거리, 외부 누출의 구분 및 패킹의 종류에 따르고 있다.[그림1-2-41] 참조

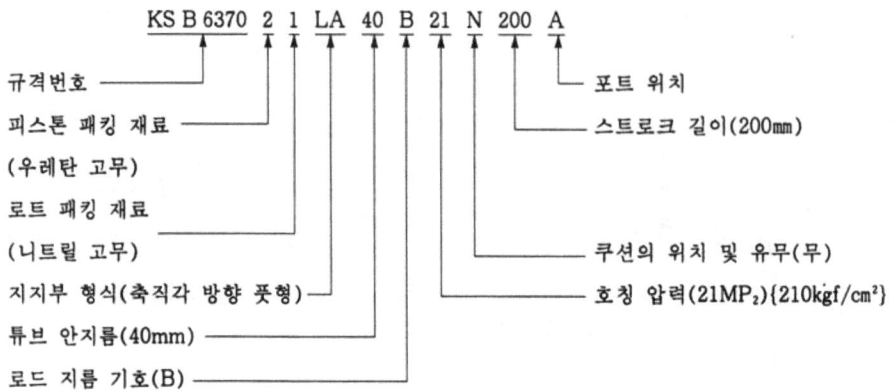

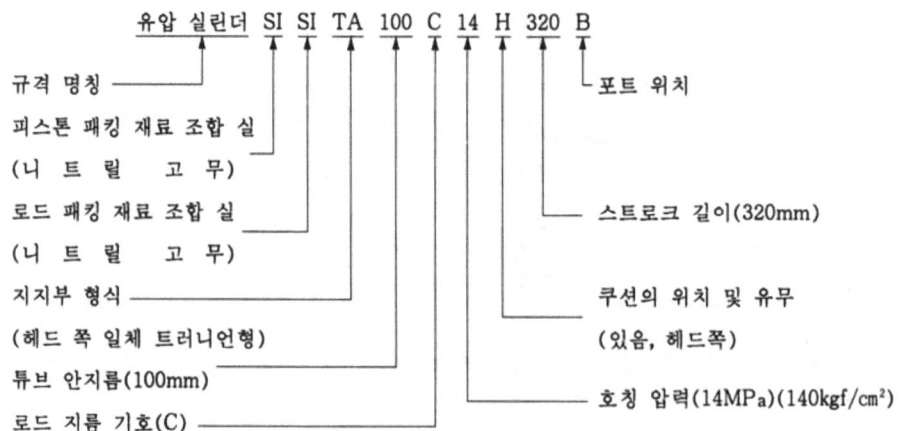

[그림1-2-41] 유압 실린더의 호칭[KS B6370]

* 표시

실린더에는 다음 항목을 뚜렷이 표시한다. 다만, *표의 것은 생략해도 좋다.
① 명칭 ② 튜브 안지름 ③ 로드 지름 ④ 호칭 압력 ⑤ 쿠션 ⑥ 행정 거리 ⑦ 외부 누유의 구분* ⑧ 피스톤 패킹 및 로드 패킹의 모양* ⑨ 제조자 형식번호* ⑩ 제조 번호 ⑪ 제조년월 또는 그의 약호 ⑫ 제조자 명 또는 등록 상표

4. 유압 모터

(1) 유압 모터의 동력

유압 펌프는 외력에 의해 구동되면 그 토출구로부터 유압유가 토출되고, 반대로 그 토출구에 기름을 압입하면 회전력을 얻게 되어, 원리적으로는 유압 모터로서의 작동을 한다. ([그림 1-2-42] 참조)

기본식은

$$L = \frac{2\pi TN}{60 \times 100 \times 75} \fallingdotseq \frac{TN}{71,620} \text{(PS)}$$

$$L = \frac{qNP}{60 \times 100 \times 75} \text{(PS)}$$

$$T = \frac{qP}{2\pi} \text{(kgf·m)}$$

각 가속도 $= \frac{T}{J}$ (rad/sec2)

정정시간 $= \frac{2\pi NJ}{60 \times T}$ (sec)

여기서, L : 유압 모터의 마력(PS)
  N : 유압 모터의 회전수(rpm)
  T : 유압 모터의 출력 토크(kgf·m)
  P : 작동유의 압력(kgf/cm2)
  q : 유압 모터의 1회전당 배출량(m3/rev)
  J : 회전부 관성능률(kg·cm·sec2)

정정시간 : 최대 공급 압력시, 무부하 유압 모터를 정지 상태에서 최대 연속운동 속도까지 가속하는데 필요한 시간을 말한다. 위 식들은 어느 것이나 효율이 100%로 가정한 계산식이다.

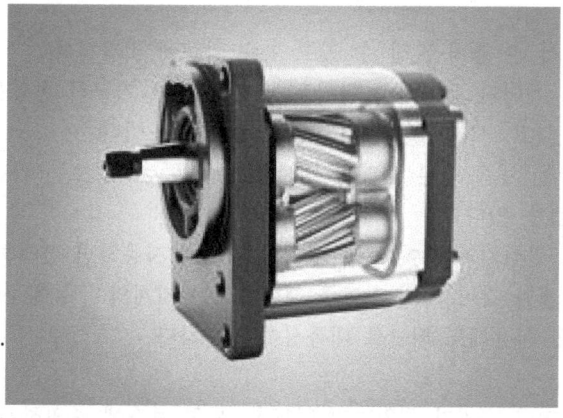

[그림1-2-42] 기어 모터

유공압 제어3(유압제어)

(2) 유압 모터의 종류
유압 모터 중 구조면에서 가장 간단하며 출력 토크가 일정하고, 또한 정회전과 역회전이 가능하다. [그림1-2-43]참조

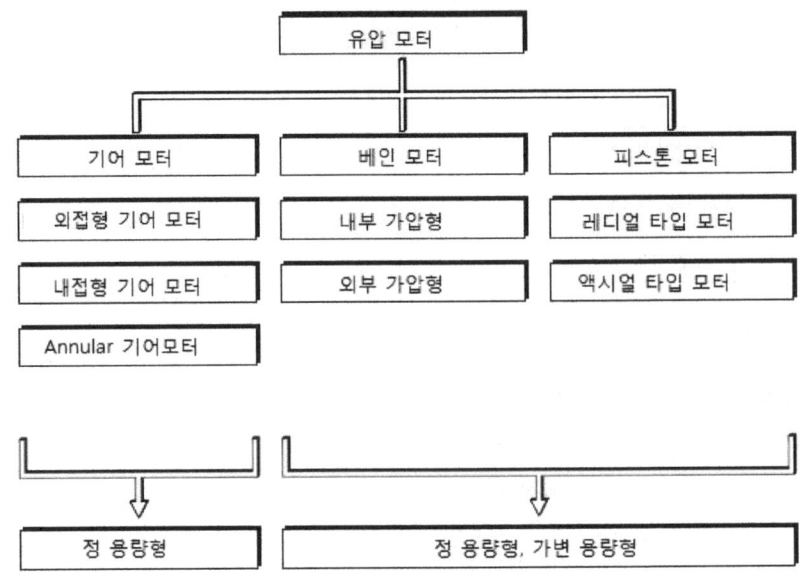

[그림1-2-43] 유압 모터의 종류

(3) 유압 모터의 선정법
유압 모터의 종류별 각각의 특성과 장·단점을 잘 파악해 사용 목적에 가장 적합한 선택을 한다는 것이 기계들의 수명뿐만 아니라 그 장치의 정확한 기능과도 직결된다.

(가) 유압 모터의 장·단점

【장 점】
- 소형 경량으로서 큰 출력을 낼 수 있고 고속 차종에 적당하다.
- 속도나 방향의 제어가 용이하여 릴리프 밸브를 달면 기구적 손상을 주지 않고 급속 정지를 시킬 수 있고, 시정수(時定數)는 2~6m·sec 정도이다.
- 시동, 정지, 역전, 변속 등은 미터링 밸브(metering valve) 또는 가변·토출 펌프에 의해서 간단히 제어할 수 있다.
- 종이나 전선의 권취기와 같이 토크 제어의 기계에 사용하면 편리하다.
- 나사고정식 기계와 같이 최대 토크를 제한하려는 기계의 구동에 사용하면 편리하다.
- 2개의 배관만을 사용해도 되므로 내폭성이 우수하다.

【단 점】
- 작동유내에 먼지나 공기가 침입하지 않도록, 특히 보수에 주의하지 않으면 안된다.
- 수명은 사용 조건에 따라 다르다. 보통 지정시간을 사용한 다음에는 분해 검사하는 것

이 좋다.
- 작동유는 인화하기 쉬우므로 화재 염려가 있는 곳에서의 사용은 매우 곤란하다.(Mill H5606의 인화점은 약 118℃)
- 작동유의 점도 변화에 의해서 유압 모터의 사용에 제약을 받는다. 일반적인 사용 온도 범위는 20 ~ 80℃ 이다.

(나) 각종 유압 모터 특성 비교와 사용 예 :

유압 모터는 종류에 따라 각각의 특성에 있으며, <표 1-2-4>는 응용분야를 표시한다.

<표1-2-4> 각종 유압 모터의 사용 예

종류/응용	공작기계	일반 산업기계	차 량	선 박	항 공 기
기어 모터	변속기 이송나사 구동 분할대의 구동	컨베이어의 구동 목공용 기계톱 테이블 구동 열교환기의 블로어 구동	콘크리트 믹서 철도용 사석의 클리너 홈파기 기계의 컨베이어 구동 냉동기 구동	윈치 구동	
베인 모터	분할대의 구동	컨베이어 구동 목공용 톱기계 테이블 구동	윈치크레인의 구동 콘크리트 믹서 홈파기 기계의 컨베이어	윈치 크레인의 구동	
액슬피스톤 모 터	변속기 선반, 밀링 연삭기의 주축구동	쇄석기 전선 피복장치 전선 감기장치 크레인의 구동 원심분리의 구동	기중기의 구동 변속기 팬 구동	윈치의 구동 양묘기의 구동 포탑의 구동 양탄기 공장용 크레인	포탑의 구동 발전기의 정속 구동 터빈 엔진의 시동 안테나 구동
레이디얼 피스톤모터	변속기		윈치의 구동 장갑차의 포탑 구동	윈치의 구동	
요동 모터	트랜스퍼 머신	밸브의 개폐		해치 커버의 개폐	바람 방지 유리의 와이퍼

(다) 유압 모터의 선택 순서

사용목적에 적합한 유압 모터를 선정하고 그 회로를 결정하는 순서는 다음과 같다.

1) 부하 특성, 즉 부하 토크와 속도의 관계를 조사 후 선정한다.
2) 부하의 조건을 충족시키는 유압 모터를 선정한다.
3) 부하 토크와 유압 모터의 크기에서 작동 압력이 정해지고 배관, 부품의 강도를 검토 후 선정한다.

유공압 제어3(유압제어)

4) 유압 모터 속도에서 유량이 정해지고 배관이나 부품, 유로의 안지름의 크기를 선정한다.
5) 구하는 압력, 유량을 기초로 하여 릴리프 밸브, 체크 밸브, 방향 제어 밸브, 여과기, 축압기 등의 부속 기기를 선정하여 유압 모터 회로를 결정한다.

(라) 유압 모터 취급상 주의 사항

1) 작동유
   동일 회로 내에 유압 펌프와 유압 모터가 다른 형식일 경우 작동유의 선정 기준이 다르므로 주의하지 않으면 안 된다. 보통 유압 펌프를 기준으로 우선 선정한다.

2) 압력과 속도
   최고 압력 및 최대 속도는 강도, 성능, 수명의 면에서 정해지므로 제작회사의 지정을 지키지 않으면 안 된다. 또 지정 속도 이하로는 원활한 작동을 얻을 수 없고 소기의 토크도 얻지 못하는 경우가 많이 있다.

3) 드레인과 배관
   반드시 독립적으로 하고 배압(back pressure)이 높지 않도록 한다.

4) 부하와의 연결방법
   직결의 경우에는 플렉시블 조인트를 사용하고 부하의 회전축의 축심과 모터 축심을 일치시키고 V 벨트, 체인, 기어 등으로 증속 또는 감속시킬 때에는 벨트풀리, 체인 휠, 기어의 지름을 충분히 크게 잡아 축에 걸리는 추력을 억제해야 한다.

1-3 유압 회로 구성 방법

교육훈련 목 표	• 유압 기호를 사용하여 유압 시퀀스 회로를 구성할 수 있다.

필요 지식	유압 펌프, 유압 밸브, 유압 액추에이터의 기호를 사용하여 회로도를 구성할 수 있는 지식

1 유압 회로 구성 방법

전기 설비나 전기 제어를 위해서는 배선도가 필요하다. 이 배선도는 정해진 지침에 따라 전기 기호를 사용하여 작성한다. 또한, 기계 도면에는 규격과 기호에 따라 작성한다. 마찬가지로 유압 회로에도 기호가 있으며, 나타내는 방법도 정해져있다.

유압 회로도는 기계 도면과는 달리 부품의 치수나 설치 위치를 나타내는 것이 아니고, 어떠한 기기들을 어떻게 상호 연결시켜 기능을 얻어내느냐를 나타내기 위하여 작성하며, 만일 유압 기기의 용량이나 치수가 필요로 할 때는 기호 옆이나 별도 보기 란에 병기하는 경우가 많다.

이러한 기기류는 배관에 의해 연결되어 압력유, 즉 작동유는 밸브류의 조작에 의해 적시 적량이 보내져서 액추에이터를 작동시키는 것이지만 이 전부의 연결 상태를 나타내는 것이 유압 회로도이다.

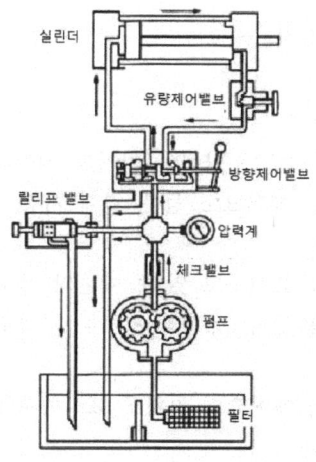

[그림 1-3-1] 단면 회로도

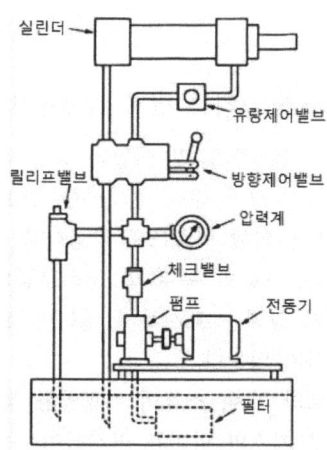

[그림 1-3-2] 그림식 회로도

유압 회로도에는 [그림 1-3-1]에 나타내는 바와 같이 유압 기기류나 밸브류의 단면으로 전체의 연결 상태를 나타내는 단면 회로도와 전체의 외관을 그림으로 나타내는 그림식 회로도 등

유공압 제어3(유압제어)

이 있다. ([그림1-3-2] 참조)

작동유의 흐름이 잘 판단되거나 전체를 파악하는 데에 편리한 경우도 있지만 어느 것이나 도면을 작성하는 것이 쉽지는 않다. 각종의 기기에 일정한 기호를 결정해 두고 그것을 배관을 나타내는 선으로 연결한 기호 회로도가 일반적으로 사용된다.(그림[1-3-3] 참조)

기호 회로도는 유압기기의 제어와 기능을 기호로 간단히 표시할 수 있으며, 배관이나 회로, 작동해석 등에 사용될 수 있어 설계, 제작, 판매 등에 편리하다.

이 기호에 의한 회로도는 간단하지만 편리하게 때문에 그림식 회로도나 단면 회로도에 비하여 작성은 비교할 수 없을 정도로 쉬울 분만 아니라 회로도 작성 상황의 이해도 단순 명쾌하게 잘 알 수 있다.

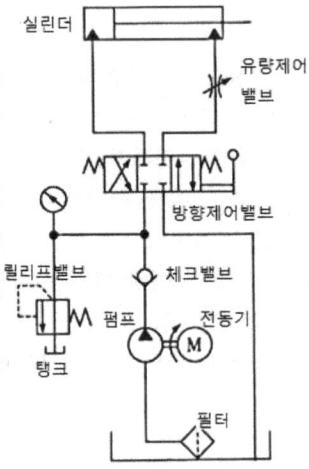

[그림 1-3-3] 기호식 회로도

1. 기호 회로도의 그리는 법과 일반규칙

기호 회로도는 선, 문자 및 이들과 동일 목적을 나타내는 약어나 기기의 데이터, 즉 설정해야 할 압력이나 유량에 대한 주의사항, 포트의 명칭, 제어요소 등은 옆에 기입, 표시하며, 다음과 같은 규칙에 의해 회로도를 작성한다.

(1) 기호는 접속, 흐름의 통로 및 구성부품의 기능을 표시하고 있다. 이들의 유로상태는 중간의 과도기적 상태는 표시하지 않는다. 또 구조나 압력, 유량의 크기나 구성부품의 설정치 등도 표시하지 않는다.
(2) 기호는 포트의 위치, 스풀의 이동방향 작동기구의 제어요소 위치도 표시하지 않는다.
(3) 선의 굵기로 기호의 의미를 변경하여서는 안 된다.
(4) 기호의 크기는 임의적이라도 무방하다. 강조한다든가 명확히 하기 위해서 기호의 크기를 변경시켜도 무방하다.
(5) 기호 윤곽의 외측에서 관로가 교차하는 경우에만 반원기호를 사용한다.
(6) 복잡한 윤곽기호에서는 그 기호 속에서 그 때의 제어상태에 가장 가까운 기호로 흐름의

상황을 표시한다. 회로도의 모든 기호는 회로조작의 위치변화가 표시되어 있지 않으면, 구성 부품이 정상 또는 중립상태로 되어 있는 경우를 기입한다.
(7) 회로도의 모든 기호는 회로조작의 위치변화가 표시되어 있지 않으면, 구성 부품이 정상 또는 중립상태로 되어 있는 경우를 기입한다.
(8) 화살표는 테의 속에 넣어 흐름의 방향을 표시하고, 양단에 화살표가 붙어 있는 것은 그 흐름의 방향이 정, 역으로 되는 것을 표시한다.
(9) 구성요소를 둘러싼 테의 밖에서 유로가 기본기호에 접속하고 있는 경우에는 그 포트가 외부로 나와 있는 것을 표시한다.
(10) 구성요소가 둘러싸여 있는 곳에서는 구성요소를 둘러싼 기호와 유로기호의 교차점은 외부로 나와 있는 포트를 표시한다.

2. 유압 회로의 종류

유압 회로는 크게 구분하면 압력 제어 회로, 속도 제어 회로, 방향 제어 회로로 구성되지만 유압 모터와 실린더를 별도의 것으로 생각하면 유압 모터 회로도 고려하여 네 가지가 된다.
 압력 제어란 펌프에서 보내어 온 작동유의 압력을 일정하게 유지하거나, 감압하거나, 무부하로 하거나, 증압 하는 것이다. 또한 압력을 이용해서 액추에이터를 순차 동작(시퀀스 작동)시키거나 부하와 평행시키는 것도 압력 제어에 의해 가능하다.

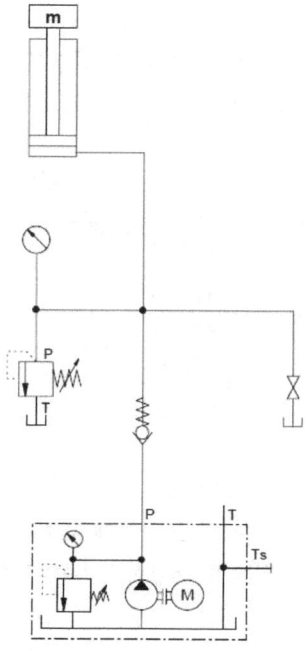

[그림 1-3-4] 압력 설정 회로

유공압 제어3(유압제어)

 속도 제어란 액추에이터의 속도를 빠르게 하거나 느리게 하는 것이지만 유량의 제어에 의해 간단히 할 수 있다. 이를 위한 유압 회로가 속도 제어 회로이지만 부하의 종류나 속도의 정밀도 등 목적에 따라서 여러가지의 회로가 있다.
 방향 제어라는 것은 전진 또는 후진시키거나 임의에 위치에 정지시켜 로크하는 것이지만 전진 후진은 어느 회로에도 반드시 순서대로 돌아가는 동작이다.

3. 압력 설정 회로

 압력 설정 회로는 압력릴리프밸브에 의하여 회로 압력을 설정압력으로 조정하는 회로로서 회로 압력이 설정 압력 이상이 되면 압력 회로가 작동하여 탱크로 유압유를 드레인시키는 회로이다.
 이 회로는 안전장치용으로서 과부하 방지에 반드시 필요한 회로이며 [그림 1-3-4]에서와 같이 기름 탱크, 스트레이너, 전동기 등과 더불어 압력 회로로 전형적인 기본회로이다.

4. 유압 요소의 표시 방법

 제어 시스템이 복잡하고 여러 개의 구동요소가 있을 경우에는 각각의 요소를 구분하여 표시할 수 있어야 한다. 공기압 요소의 표시 방법에는 숫자를 이용하는 방법과 문자를 이용하는 방법이 있다.

(1) 밸브 연결구 기호 표시
 밸브에 대해 서로간의 오해가 없게 하기 위해 각 연결구는 다음과 같이 표시한다.
 연결구 표시법은 ISO 5599 및 ISO1219에 규정하고 있으며 그 규정은 〈표1-3-1〉과 같다.

<표1-3-1> ISO5599 및 ISO1219에 의한 규정

구분	ISO-5599	ISO-1219	표시방법
공급라인	1	P	
작업라인	2,4,6,··	A,B,C,··	
배기라인	3,5,7,··	R,S,T,··	
제어라인	10,12,14,··	X,Z,Y,··	
누출라인		L	

(2) 부품의 식별 코드(배관 포함) ISO 1219-2
 다른 코드가 규정되지 않으면 다음과 같은 부품에 대한 식별 코드가 사용된다.
 식별 코드는 [그림1-3-5]와 같은 요소를 포함하며 박스 내에 기록한다.

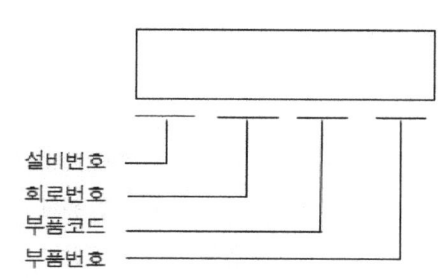

[그림1-3-5] 부품식별코드 ISO1219-2

[그림1-3-6]의 유압 회로도는 각 유압요소의 표현표시법의 일반화된 모형이다.

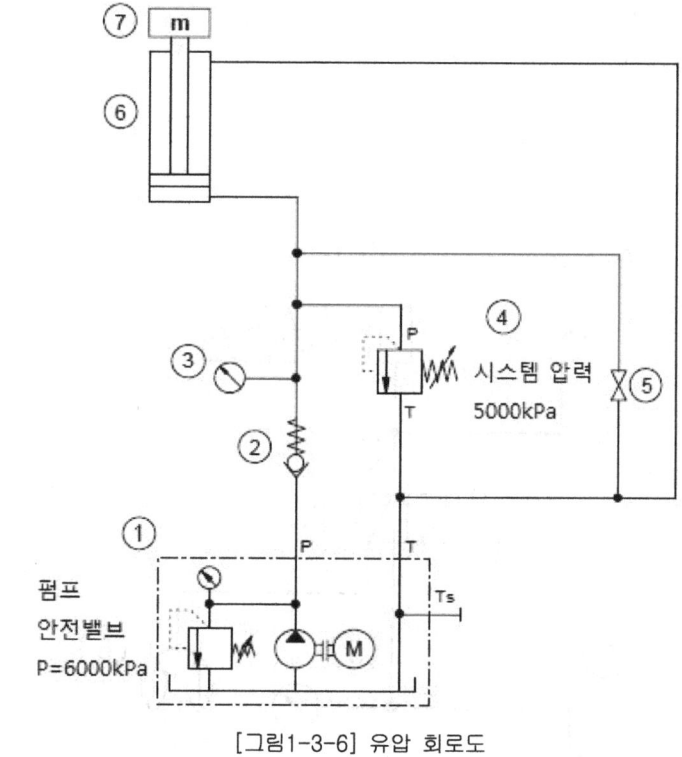

[그림1-3-6] 유압 회로도

유공압 제어3(유압제어)

실기 내용　단동 실린더 제어 실습

1 단동 실린더 제어 실습

1. 과제 :

(1) 제시된 유압 회로를 사용하여 KS B ISO 1219-1(유체 동력 시스템 및 부품_그래픽 기호 및 회로도-제2부: 회로도)에 따라 그려보시오.
(2) 방향제어 밸브를 ON 시키면 단동 실린더가 전진되어야 하고, 방향제어 밸브를 OFF시키면 즉시 복귀되어야 한다.

2. 실습목표 :

(1) 단동 실린더의 구조 원리를 이해한다.
(2) 단동 실린더의 제어 회로를 이해한다.
(3) 3포트 2위치 밸브와 2포트 2위치 밸브의 기능을 익힌다.

3. 회로도

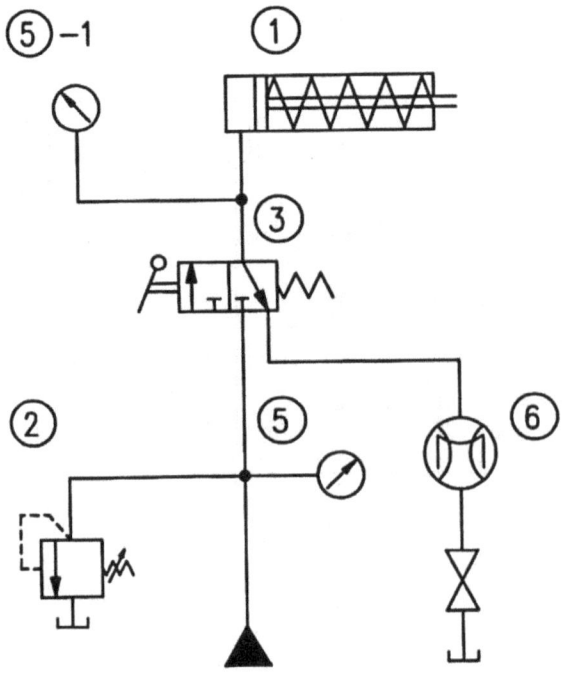

[그림1-3-7] 단동 실린더 제어회로(1)

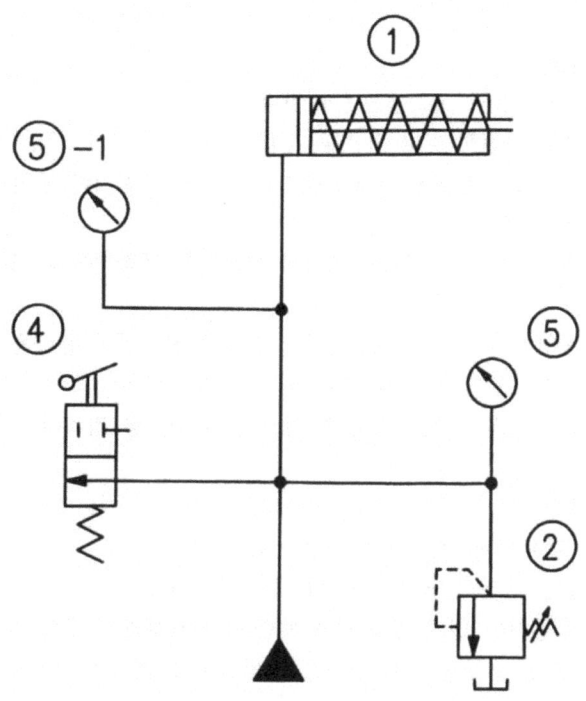

[그림1-3-8] 단동 실린더 제어회로 (2)

4. 관련 지식

(1) 기능

단동 실린더는 유압 시스템에서 한 방향만의 힘이 필요할 때 사용되며 따라서 피스톤의 전진이나 후진 중 어느 한 방향 운동에만 압유(壓油)를 사용하고 반대 방향의 운동에는 내장된 스프링력이나 자중(피스톤의 질량) 또는 외력에 의해 이루어진다. 단동 실린더의 용도로는 한 방향 운동에만 일을 필요로 하는 클램핑이나 리프팅, 유압책 등에 사용된다.

(2) 실린더의 출력과 속도

(가) 출력 : 실린더가 내는 출력은 피스톤에 작용하는 유압력과 피스톤의 단면적에 의해 결정된다.

$$출력[kgf] = 피스톤\ 면적[cm^2] \times 압력[MPa]$$

단, 스프링 내장된 단동 실린더는 스프링력을 뺀 값이 실린더가 내는 이론 출력값이 된다.

(나) 속도 : 단동 실린더의 운동 속도는 유량과 피스톤 단면적에 의해 결정된다.

$$속도[m/min] = \frac{유량[l/min]}{피스톤의\ 면적[cm^2]}$$

유공압 제어3(유압제어)

5. 실습 방법

(1) 제어회로(Ⅰ) 실습

(가) [그림1-3-7]과 같이 유압 시스템을 구성한다.
(나) 릴리프 밸브 ②를 완전히 열고 펌프를 기동한다.
(다) 릴리프 밸브 ②의 조정핸들을 시계방향으로 천천히 회전시켜 압력게이지 ⑤의 값이 30 MPa이 되도록 조정한다.
(라) 3포트 2위치 방향제어 밸브 ③을 ON시켜 실린더의 동작 상태와 압력게이지 ⑤-1의 값을 확인한다.
(마) 3포트 2위치 방향제어 밸브를 OFF시키고 실린더 전진실의 유량을 유량계 ⑥으로 측정한다.
(바) 릴리프 밸브 ②의 조정 핸들을 완전히 열고 유압 펌프를 정지시킨다.

(2) 제어회로(Ⅱ) 실습

(가) [그림1-3-8]과 같이 유압 시스템을 구성한다.
(나) 릴리프 밸브 ②를 완전히 열고 유압 펌프를 기동한다.
(다) 2포트 2위치 방향제어 밸브 ④를 OFF(차단)시킨 상태에서 유압 펌프를 기동하고 릴리프 밸브 ②의 조정 핸들을 시계 방향으로 천천히 돌려 압력게이지 ⑤의 눈금이 30MPa가 되도록 조정한다.
(라) 2포트 2위치방향제어 밸브 ④를 ON시켜 실린더의 동작 상태를 확인하고 이때 압력게이지 ⑤-1의 값을 확인한다.
(마) 2포트 2위치 방향제어 밸브 ④를 OFF시키고 유압 펌프음을 확인한다.
(바) 릴리프 밸브 ②의 조정핸들을 완전히 열고 펌프를 정지시킨다.

6. 실습결과 및 연습문제

(1) 3포트 2위치 밸브의 구조 원리와 주된 용도를 설명하시오.
(2) 2포트 2위치 밸브의 구조 원리와 주된 용도를 설명하시오.
(3) [그림1-3-7]에서 단동 실린더의 출력값을 계산 하시오. (단, 스프링력은 20[kgf]이다.)
(4) [그림1-3-7]에서 실린더 전진시의 필요 유량을 측정하시오.
(5) [그림1-3-8]에서 시스템에 필요한 설정 압력을 설정하려면 밸브 ②의 전환위치를 어떻게 해야 하는가?
(6) [그림1-3-7]과 [그림1-3-8]의 차이점과 특성을 설명하시오.
(7) [그림1-3-8]에서 유압 실린더로 300[kgf]의 출력을 받으려면 릴리프 밸브 ③의 설정 압력을 얼마로 해야 하는가? (단, 스프링력은 20[kgf]이다.)

단원명 1 제로회어 구성하기

장비 및 도구, 소요재료

구 분	명 칭	규격(사양)	1대당 활용인원
장 비	전기유압실험장치	실습용(50pcs이상)	5명
	유압 펌프 유닛		5명
공 구	일반수공구 세트	10pcs 이상	5명
소요재료	① 복동실린더		
	② 4포트 2위치 방향제어 밸브		
	③ 릴리프 밸브		
	④ 압력에이지		
	⑤ 유량계		

안전유의사항

- 유압 실습 장치의 전원 장치를 점검한다.
- 유압 탱크의 오일의 양 및 상태를 육안으로 점검한다.
- 유압 실습 장치 가동 후 5분 정도 무 부하 운전한다.
- 실습에 사용되는 수공구의 상태를 점검하고 정돈한다.
- 다른 사람이 실습 중에 스위치 등을 조작하지 않는다.
- 실습장 바닥에 오일이 떨어지면 즉시 제거하여 미끄럼 사고를 방지한다.
- 과격한 행동으로 실습 장치를 파손하거나 오작동 하지 않도록 한다.
- 실습 중에 항상 안전이 유지될 수 있도록 주의한다.

관련 자료

- 유압 실습 장치 사용자 매뉴얼
- 작업 표준서
- 관련 유압 부품 카타로그
- KS B ISO 1219 규격집
- 계산기
- 유지 보수 매뉴얼 및 장비 점검 일지

유공압 제어3(유압제어)

실기 내용 복동 실린더 제어 실습

1 복동 실린더 제어 실습

1. 과제 :

(1) 제시된 유압 회로를 사용하여 KS B ISO 1219-1(유체 동력 시스템 및 부품_그래픽 기호 및 회로도-제2부: 회로도)에 따라 그려보시오.
(2) 방향제어 밸브를 ON 시키면 복동 실린더가 전진되어야 하고, 방향제어 밸브를 OFF시키면 즉시 복귀되어야 한다.

2. 실습목표 :

(1) 복동 실린더의 구조 원리를 이해한다.
(2) 복동 실린더의 제어 회로를 이해한다.
(3) 4포트 2위치 밸브의 기능을 익힌다.

3. 회로도

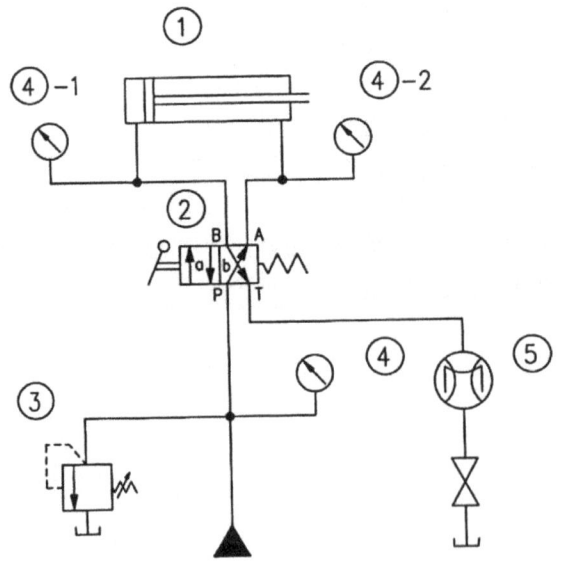

[그림1-3-9] 복동 실린더 제어회로

4. 관련 지식

(1) 기능

복동 실린더는 작동유의 유체 에너지를 직선 왕복 운동하는 기계적인 일에너지로 변환시키는 기기로서 전진 운동과 후진 운동 모두에 압유를 사용하며 유압 시스템에서 양방향의 힘이 필요할 때 사용된다. 복귀 행정시 피스톤에 작용하는 힘은 피스톤을 초기 위치로 복귀시키는 데 주로 사용된다.

 종류로는 로드가 하나인 표준형의 편로드형과 양로드형 실린더가 있으며, 그밖에도 텔레스코프형 실린더, 브레이크 부착형 실린더, 쿠션기구 내장형 실린더 등 많은 종류가 있다. 복동 실린더를 제어하기 위해서는 한쪽은 압유를 공급하면 다른 한쪽은 드레인 시켜야 되므로 이러한 기능의 4포트 밸브나 5포트 밸브가 사용된다.

(2) 실린더의 출력과 속도
 (가) 출력 : 복동 실린더가 내는 출력은 단동 실린더와 마찬가지로 피스톤에 작용하는 유압력과 피스톤의 단면적에 의해 결정한다.

  피스톤 전진시 출력[kgf] = 피스톤의 단면적[cm²] × 압력[MPa]

  피스톤 후진시 출력[kgf] = 피스톤의 단면적 - 로드의 단면적[cm²] × 압력[MPa]

 (나) 속도 : 복동 실린더의 운동 속도는 공급되는 유량과 피스톤 단면적에 의해 결정된다.

$$속도[m/min] = \frac{유량[l/min]}{피스톤의 면적[cm²]}$$

5. 실습 방법

(1) [그림1-3-9]와 같이 유압 시스템을 구성한다.
(2) 릴리프 밸브 ③을 완전히 열고 펌프를 기동한다.
(3) 릴리프 밸브 ③의 조정핸들을 시계방향으로 천천히 회전시켜 압력게이지 ④의 값이 30MPa이 되도록 조정한다.
(4) 4포트 2위치 방향제어 밸브 ②를 a위치로 전환시켜 실린더의 동작 상태와 압력게이지 ④-1의 값을 확인한다. 동시에 실린더 후진실의 유량을 유량계 ⑤로써 측정한다.
(5) 4포트 2위치 방향제어 밸브를 b위치로 복귀시키고 실린더의 동작 상태와 압력게이지 ④-2의 값을 확인한다. 동시에 실린더 후진시의 유량을 유량계 ⑤로써 측정한다.
(6) 릴리프 밸브 ③을 완전히 열고 유압 펌프를 정지시킨다.

6. 실습결과 및 연습문제

(1) 실습 결과를 다음 표에 기록하시오.

릴리프 밸브의 설정 압력[MPa]	밸브의 위치	유로의 접속 상태	실린더의 운동방향	압력계		유 량 [l/min]
				④-1	④-2	
	a					
	b					

유공압 제어3(유압제어)

(2) 실습용 실린더의 직경이 40mm이고, 로드 직경이 16mm이다. 전진시 출력과 후진시의 출력을 각각 계산하시오.
(3) 5포트 2위치 밸브로 복동 실린더를 제어하는 회로를 [그림1-3]와 같이 설계하시오.

장비 및 도구, 소요재료

구 분	명 칭	규격(사양)	1대당 활용인원
장 비	전기유압실험장치	실습용(50pcs이상)	5명
	유압 펌프 유닛		5명
공 구	일반수공구 세트	10pcs 이상	5명
소요재료	① 복동실린더		
	② 4포트 2위치 방향제어 밸브		
	③ 릴리프 밸브		
	④ 압력에이지		
	⑤ 유량계		

안전유의사항

- 유압 실습 장치의 전원 장치를 점검한다.
- 유압 탱크의 오일의 양 및 상태를 육안으로 점검한다.
- 유압 실습 장치 가동 후 5분 정도 무 부하 운전한다.
- 실습에 사용되는 수공구의 상태를 점검하고 정돈한다.
- 다른 사람이 실습 중에 스위치 등을 조작하지 않는다.
- 실습장 바닥에 오일이 떨어지면 즉시 제거하여 미끄럼 사고를 방지한다.
- 과격한 행동으로 실습 장치를 파손하거나 오작동 하지 않도록 한다.
- 실습 중에 항상 안전이 유지될 수 있도록 주의한다.

관련 자료

- 유압 실습 장치 사용자 매뉴얼
- 작업 표준서
- 관련 유압 부품 카타로그
- KS B ISO 1219 규격집
- 계산기
- 유지 보수 매뉴얼 및 장비 점검 일지

단원명 1 제로회어 구성하기

| 실기 내용 | 차동 실린더 제어 실습(차동회로) |

1 차동 실린더 제어 실습(차동회로)

1. 과제 :

(1) 제시된 유압 회로를 사용하여 KS B ISO 1219-1(유체 동력 시스템 및 부품_그래픽 기호 및 회로도-제2부: 회로도)에 따라 그려보시오.
(2) 실린더의 전진 운동 속도와 후진 운동 속도가 같아야 한다.

2. 실습목표 :

(1) 차동회로의 구성과 원리를 이해한다.
(2) 차동 실린더의 개념을 익힌다.

3. 회로도

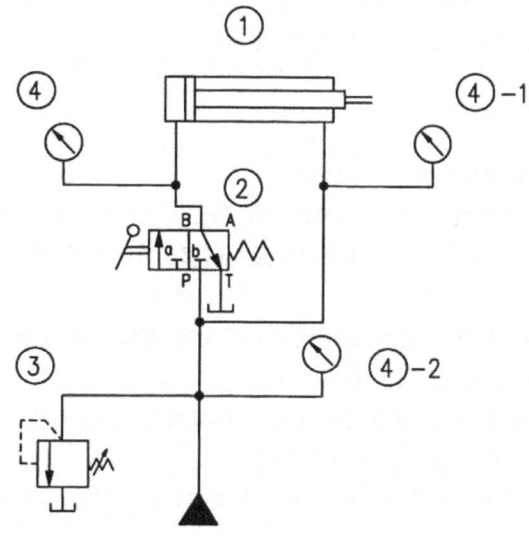

[그림1-3-10] 차동 회로

4. 관련 지식

차동 실린더는 피스톤 헤드 측과 로드 측과 단면적 비가 2 : 1인 복동 실린더이다. 즉, 피스톤헤드 측 면적이 로드 측 면적의 2배이다.
차동 회로는 피스톤 로드 측 포트에서 배출되는 압유를 피스톤 헤드 측으로 합류시켜 피스톤의 전진 속도를 증가시키는 회로로서, 유압 시스템에서 실린더의 전진 속도를 증가시키거나 또는 전진 속도 및 후진 속도를 등속으로 하기 위하여 차동 실린더를 사용한다.

유공압 제어3(유압제어)

(1) [그림1-3-10]에서의 전진 행정 (방향제어 밸브 ②의 a위치)

3포트 2위치 방향제어 밸브 ②가 작동위치 a로 되면 압유는 유로 P → B 를 지나 피스톤 헤드 측에 유입되어 피스톤 단면에 압력을 가한다. 따라서 피스톤은 전진하며 운동압을 압력게이지 ④가 된다. 피스톤 로드 측 포트로부터 배출되는 압유는 펌프 토출유와 합류되어 다시 피스톤 헤드 측 포트로 흘러 들어가므로 피스톤 전진 속도는 후진 속도와 같게 된다. 피스톤의 전진 위치에서 압력게이지 ④-1이 나타내는 압력은 시스템 압력 ④-2와 같다.

(2) [그림1-4]에서의 후진 행정(방향제어 밸브 ②의 b위치)

3포트 2위치 방향제어 밸브 ②가 작동위치 b로 되면 압유는 방향제어 밸브를 거치지 않고 피스톤 로드 측 단면에 압력을 가한다. 이때 피스톤은 후진하며 운동합력은 압력 게이지 ④의 값이 된다. 피스톤 헤드 측 포트로부터 배출되는 작동유는 3포트 2위치 방향제어 밸브 ②의 유로 B → T 를 지나 탱크로 복귀된다. 피스톤의 후진위치에서 압력 게이지④가 지시하는 값은 시스템 압력 ④-2를 나타낸다. 이와 같이 피스톤 전진시에 피스톤 로드 측 포트로부터 배출되는 압유를 피스톤 헤드 측 포트로 귀환시키는 유압 제어 시스템을 차동 회로 또는 폐쇄 유압회로라고 부르며, 전진 및 후진 속도가 거의 같다. 단, 이때 피스톤 헤드 측 단면적과 피스톤 로드 측 단 면적비는 2 : 1이 되어야 한다.

5. 실습 방법

(1) [그림1-4]와 같이 유압시스템을 구성한다.
(2) 릴리프 밸브 ③이 완전히 열려 있는가를 확인하고 유압 펌프를 기동한다.
(3) 릴리프 밸브 ③의 조정핸들을 시계방향으로 천천히 회전시켜 압력게이지 ⑥의 값이 30㎫이 되도록 조정한다.
(4) 3포트 2위치 방향제어 밸브 ②를 a위치로 전환시켜 실린더의 동작상태와 속도, 이때 압력게이지 ④가 지시하는 값을 확인한다.
(5) 3포트 2위치 방향제어 밸브 ②를 b위치로 전환시키고 실린더의 운동 방향과 속도, 이 때 압력게이지 ④-1이 지시하는 값을 확인한다.
(6) 릴리프 밸브 ③의 조정핸들을 완전히 열고 유압 펌프를 정지시킨다.

6. 실습결과 및 연습문제

(1) 실습결과를 다음 표에 기록하시오.

릴리프 밸브의 설정 압력㎫	밸브의 위치	유로의 접속 상태	실린더의 운동방향	압력계 ④	④-1	동작시간 [초]
	a					
	b					

(2) [그림1-4]에서 피스톤의 단면적비가 2 : 1일 때 피스톤의 속도가 동일하게 되는 이유를 설명하시오.

장비 및 도구, 소요재료

구 분	명 칭	규격(사양)	1대당 활용인원
장 비	전기유압실험장치	실습용(50pcs이상)	5명
	유압 펌프 유닛		5명
공 구	일반수공구 세트	10pcs 이상	5명
소요재료	① 차동 실린더		
	② 3포트 2위치 방향제어 밸브		
	③ 릴리프 밸브		
	④ 압력게이지		

안전유의사항

- 유압 실습 장치의 전원 장치를 점검한다.
- 유압 탱크의 오일의 양 및 상태를 육안으로 점검한다.
- 유압 실습 장치 가동 후 5분 정도 무 부하 운전한다.
- 실습에 사용되는 수공구의 상태를 점검하고 정돈한다.
- 다른 사람이 실습 중에 스위치 등을 조작하지 않는다.
- 실습장 바닥에 오일이 떨어지면 즉시 제거하여 미끄럼 사고를 방지한다.
- 과격한 행동으로 실습 장치를 파손하거나 오작동 하지 않도록 한다.
- 실습 중에 항상 안전이 유지될 수 있도록 주의한다.

관련 자료

- 유압 실습 장치 사용자 매뉴얼
- 작업 표준서
- 관련 유압 부품 카타로그
- KS B ISO 1219 규격집
- 계산기
- 유지 보수 매뉴얼 및 장비 점검 일지

유공압 제어3(유압제어)

> **실기 내용** 실린더의 속도제어 실습(1)_미터 인 회로

1 실린더의 속도제어 실습(1)_미터 인 회로

1. 과제 :

(1) 제시된 유압 회로를 사용하여 KS B ISO 1219-1(유체 동력 시스템 및 부품_그래픽 기호 및 회로도-제2부: 회로도)에 따라 그려보시오.
(2) 불균일한 압축 하중이 작용하는 실린더의 속도를 제어하려고 한다.

2. 실습목표 :

(1) 미터 인 제어의 회로구성을 이해한다.
(2) 일방향 유량제어 밸브의 구조원리를 이해한다.
(3) 불균일한 압축 하중이 작용할 때 실린더의 속도제어를 이해한다.

3. 회로도

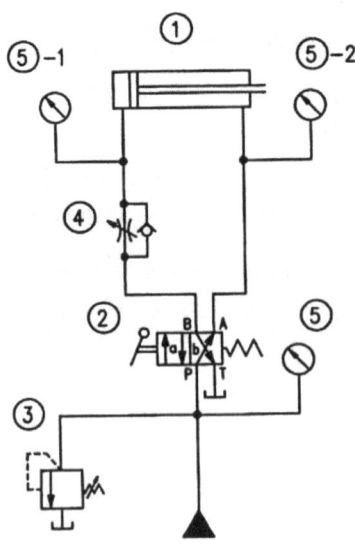

[그림1-3-11] 미터 인 제어 회로

4. 관련 지식

미터인 제어는 유압 펌프로부터 토출되는 유량이 실린더에 유입되기 전에 유량제어 밸브를 설치하여 실린더로 유입되는 유량을 제어하여 액추에이터의 속도를 조절하는 방법이다.

이와 같은 미터 인 제어는 유압 시스템에서 드릴링시의 이송과 같이 실린더에 작용하는 부하가 압축 하중이고 또한 하중이 변하는 조건에서 일정한 속도가 필요할 때 사용된다.

(1) 전진 행정 (4포트 2위치 방향제어 밸브 ②의 a위치)
  압유는 방향제어 밸브의 P포트에서 B포트를 통해 일방향 유량제어 밸브로 유입되며 여기서 유량이 제한된다. 따라서 실린더의 속도는 규제된 속도로 전진 운동하고 복귀측의 압유는 방향제어 밸브 A포트로 들어가 T포트로 나와 탱크로 복귀된다.

(2) 후진 행정(4포트 2위치 방향제어 밸브 ②의 b위치)
  압유는 방향제어 밸브 ②로 흘러들어 가서 P → A를 지나 피스톤 로드 측에 작용되어 실린더를 후진시키며, 이때 전진시의 압유는 일방향 유량제어 밸브의 체크밸브를 지나서 B → T 를 통과한 후 탱크로 복귀된다.

5. 실습 방법

(1) [그림1-3-11]과 같이 유압 시스템을 구성한다.
(2) 릴리프 밸브 ③이 완전히 열려 있는가를 확인하고 유압 펌프를 기동한다.
(3) 릴리프 밸브 ③의 조정핸들을 시계방향으로 천천히 회전시켜 압력게이지 ⑤의 눈금이 30 MPa이 되도록 조정한다.
(4) 4포트 2위치 방향제어 밸브 ②를 a위치로 전환시켜 실린더의 동작속도가 느리게 전진되도록 유량 제어 밸브 ④의 조정핸들을 돌려 조정한다.
(5) 4포트 2위치 방향제어 밸브 ②를 b위치로 전환시키고 실린더의 동작 상태를 확인한다.
(6) 다시 (4)항과 같이 유령제어 밸브 ④의 핸들을 조정하여 실린더의 속도를 조금 빠르게 조정해 본다.
(7) 실습이 끝나면 릴리프 밸브 ③의 조정핸들을 완전히 열고 유압 펌프를 정지시킨다.

6. 실습결과 및 연습문제

(1) 실습 결과를 다음 표에 기록하시오.

릴리프 밸브의 설정 압력MPa	밸브의 위치	유로의 접속 상태	실린더의 운동방향	압력계 ⑤	압력계 ⑤-1	실린더의 동작시간 유량제어밸브 ⅓개 도시	실린더의 동작시간 유량제어밸브 ½개 도시
	a						
	b						

(2) 양방향 유량제어 밸브 1개를 이용하여 복동 실린더의 전진 속도와 후진 속도를 모두 미터 인 제어로 제어하는 회로를 설계하시오.

유공압 제어3(유압제어)

장비 및 도구, 소요재료

구 분	명 칭	규격(사양)	1대당 활용인원
장 비	전기유압실험장치	실습용(50pcs이상)	5명
	유압 펌프 유닛		5명
공 구	일반수공구 세트	10pcs 이상	5명
소요재료	① 복동 실린더		
	② 4포트 2위치 방향제어 밸브		
	③ 릴리프 밸브		
	④ 일방향 유량제어 밸브		
	⑤ 압력게이지		

안전유의사항

- 유압 실습 장치의 전원 장치를 점검한다.
- 유압 탱크의 오일의 양 및 상태를 육안으로 점검한다.
- 유압 실습 장치 가동 후 5분 정도 무 부하 운전한다.
- 실습에 사용되는 수공구의 상태를 점검하고 정돈한다.
- 다른 사람이 실습 중에 스위치 등을 조작하지 않는다.
- 실습장 바닥에 오일이 떨어지면 즉시 제거하여 미끄럼 사고를 방지한다.
- 과격한 행동으로 실습 장치를 파손하거나 오작동 하지 않도록 한다.
- 실습 중에 항상 안전이 유지될 수 있도록 주의한다.

관련 자료

- 유압 실습 장치 사용자 매뉴얼
- 작업 표준서
- 관련 유압 부품 카타로그
- KS B ISO 1219 규격집
- 계산기
- 유지 보수 매뉴얼 및 장비 점검 일지

| 실기 내용 | 실린더의 속도제어 실습(2)_미터 아웃 회로 |

1 실린더의 속도제어 실습(2)_미터 아웃 회로

1. 과제 :

(1) 제시된 유압 회로를 사용하여 KS B ISO 1219-1(유체 동력 시스템 및 부품_그래픽 기호 및 회로도-제2부: 회로도)에 따라 그려보시오.
(2) 복동 실린더를 미터아웃 제어 방식에 의해 속도를 제어하려고 한다.

2. 실습목표 :

(1) 미터 아웃 제어의 회로구성을 이해한다.
(2) 하중에 관계없이 피스톤에 일정한 압력으로 제어하는 회로의 방법을 이해한다.

3. 회로도

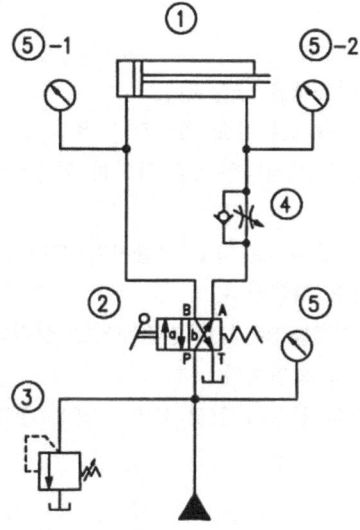

[그림1-3-12] 미터 아웃 회로

4. 관련 지식

미터아웃 제어는 액추에이터로부터 유출되는 관로에 유량제어 밸브를 설치하여 유출 유량을 규제하여 속도를 제어하는 방식이다.

이와 같은 미터 인 제어 방식은 유압 시스템에서 하중에 관계없이 피스톤에 일정한 압력으로 제어시킬 때 사용되는 것으로, 변동 하중을 받는 밀링 작업이나 드릴링 작업은 물론 인장 하중을 받는 실린더에서도 일정한 피스톤 속도를 얻을 수 있다.

유공압 제어3(유압제어)

(1) 전진 행정 (4포트 2위치 방향제어 밸브 ②의 a위치)

압유는 4포트 2위치 방향제어 밸브 ②로 유입되어 P → B를 지나 피스톤 헤드 측 단면에 압력을 가하여 피스톤을 전진시키며, 이때 실린더로 유입되는 유량은 자유 흐름 상태이다. 로드 측 포트로 배출되는 압유는 4포트 2위치 방향제어 밸브 ②의 A → T 를 통과하여 탱크로 복귀되는데, 이때 복귀 유량은 일방향 유량제어 밸브 ④로 규제되기 때문에, 전진 속도가 조절된다. 실린더가 동작 중에 압력게이지 ⑤-1의 값은 실린더의 운동 압력이고, 압력게이지 ⑤-2의 값은 쿠션 압력이다.

(2) 후진 행정(4포트 2위치 방향제어 밸브 ②의 b위치)

압유는 4포트 2위치 방향제어 밸브 ②의 P → A를 통과하여 실린더 로드 측 단면에 작용되는데 이때공급 유량은 일방향 유량제어 밸브 ④의 체크밸브 측을 통과하므로 자유 흐름 상태이다.

헤드 측 포트로 배출되는 압유는 4포트 2위치 방향제어 밸브 ②의 B → T를 통과하여 탱크로 복귀된다.

5. 실습 방법

(1) [그림1-3-12]와 같이 유압 시스템을 구성한다.
(2) 릴리프 밸브 ③이 완전히 열려 있는가를 확인하고 유압 펌프를 기동한다.
(3) 릴리프 밸브 ③의 조정핸들을 시계방향으로 천천히 회전시켜 압력게이지 ⑤의 값이 30MPa이 되도록 조정한다.
(4) 4포트 2위치 방향제어 밸브 ②를 a위치로 전환시켜 실린더의 동작 상태와 속도, 이때 압력게이지 ⑤-1과 ⑤-2의 값을 확인한다.
(5) 4포트 2위치 방향제어 밸브 ②를 b위치로 전환시키고 실린더의 운동방향과 속도, 이때 압력게이지 ⑤-1과 ⑤-2의 값을 확인한다.
(6) 릴리프 밸브 ③의 조정핸들을 완전히 열고 유압 펌프를 정지시킨다.

6. 실습결과 및 연습문제

(1) 실습 결과를 다음 표에 기록하시오.

릴리프 밸브의 설정 압력MPa	밸브의 위치	유로의 접속 상태	실린더의 운동방향	실린더의 동작시간		실린더 동작 중 압력	
				유량제어밸브 ⅓개 도시	유량제어밸브 ½개 도시	⑤-1	⑤-2
	a						
	b						

(2) 복동 실린더의 전·후진 속도를 미터 아웃 회로에 의해 각각 제어하는 회로를 설계하시오.

장비 및 도구, 소요재료

구 분	명 칭	규격(사양)	1대당 활용인원
장 비	전기유압실험장치	실습용(50pcs이상)	5명
	유압 펌프 유닛		5명
공 구	일반수공구 세트	10pcs 이상	5명
소요재료	① 복동실린더		
	② 4포트2위치방향제어 밸브		
	③ 릴리브 밸브		
	④ 일방향 유량제어 밸브		
	⑤ 압력게이지		

안전유의사항

- 유압 실습 장치의 전원 장치를 점검한다.
- 유압 탱크의 오일의 양 및 상태를 육안으로 점검한다.
- 유압 실습 장치 가동 후 5분 정도 무 부하 운전한다.
- 실습에 사용되는 수공구의 상태를 점검하고 정돈한다.
- 다른 사람이 실습 중에 스위치 등을 조작하지 않는다.
- 실습장 바닥에 오일이 떨어지면 즉시 제거하여 미끄럼 사고를 방지한다.
- 과격한 행동으로 실습 장치를 파손하거나 오작동 하지 않도록 한다.
- 실습 중에 항상 안전이 유지될 수 있도록 주의한다.

관련 자료

- 유압 실습 장치 사용자 매뉴얼
- 작업 표준서
- 관련 유압 부품 카타로그
- KS B ISO 1219 규격집
- 계산기
- 유지 보수 매뉴얼 및 장비 점검 일지

유공압 제어3(유압제어)

실기 내용 실린더의 속도제어 실습(3)_블리드 오프 회로

1 실린더의 속도제어 실습(3)_블리드 오프 회로

1. 과제 :

(1) 제시된 유압 회로를 사용하여 KS B ISO 1219-1(유체 동력 시스템 및 부품_그래픽 기호 및 회로도-제2부: 회로도)에 따라 그려보시오.
(2) 복동 실린더의 전진 속도를 블리드 오프 방식에 의해 제어하려고 한다.

2. 실습목표 :

(1) 블리드 오프 방식의 회로 구성을 이해한다.
(2) 양방향 유량제어 밸브의 구조 원리를 이해한다.

3. 회로도

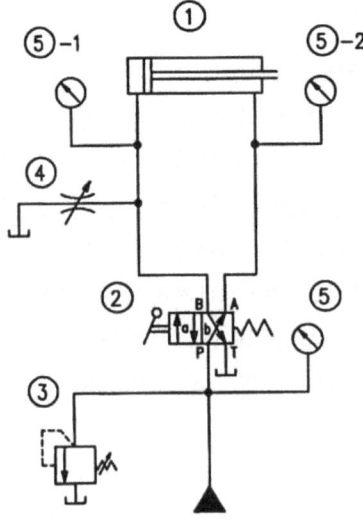

[그림1-3-13] 블리드 오프 회로

4. 관련 지식

　액추에이터로 흐르는 유량의 일부를 탱크로 복귀시킴으로써 작동 속도를 조절하는 방식을 블리드 오프 방식이라 한다. 즉 액추에이터에 필요한 유량보다 여분의 유량을 유량제어 밸브를 통해 탱크로 환류 시키는 회로로서, 부하 변동이 없는 경우에 이용되는 속도 제어 방식이다. [그림1-3-13]은 실린더가 전진할 때 필요로 하는 유량보다 펌프 토출량이 많을 경우, 여분의 유량을 유량제어 밸브 ④에 의해 탱크로 환류 시켜 실린더의 속도를 조절한다.

블리드 오프 회로는 액추에이터의 작동 압력이 부하에 따라 결정되어지기 때문에 회로 효율이 양호하다. 그러나 이 방식은 펌프의 용적효율 변화가 액추에이터의 속도에 그대로 영향을 주기 때문에, 속도 제어의 정확성은 미터 인 방식이나 미터 아웃 방식에 비해 떨어진다.

5. 실습 방법

(1) [그림1-3-13]과 같이 유압 시스템을 구성한다.
(2) 릴리프 밸브 ③이 완전히 열려 있는가를 확인하고 유압 펌프를 기동한다.
(3) 릴리프 밸브 ③의 조정핸들을 시계방향으로 천천히 회전시켜 압력게이지 ⑤의 값이 30MPa이 되도록 조정한다.
(4) 유량제어 밸브 ④를 1/3정도 열어 조정한 후 4포트 2위치 방향제어 밸브 ②를 a위치로 전환시켜 실린더의 동작 상태와 속도, 이때 압력게이지 ⑤-1과 ⑤-2의 값을 확인한다.
(5) 4포트 2위치 방향제어 밸브 ②를 b위치로 전환시키고 실린더의 운동방향과 속도, 이때 압력게이지 ⑤-1과 ⑤-2의 값을 확인한다.
(6) 유량제어 밸브 ④를 1/2정도 열어 조정한 후 (4)항과 (5)항의 실습 순서를 반복한다.
(7) 릴리프 밸브 ③의 조정핸들을 완전히 열고 유압 펌프를 정지시킨다.

6. 실습결과 및 연습문제

(1) 실습 결과를 다음 표에 기록하시오.

릴리프 밸브의 설정 압력MPa	밸브의 위치	유로의 접속 상태	실린더의 운동방향	실린더의 동작시간		실린더 동작 중 압력	
				유량제어밸브 ⅓개 도시	유량제어밸브 ½개 도시	⑤-1	⑤-2
	a						
	b						

유공압 제어3(유압제어)

장비 및 도구, 소요재료

구 분	명 칭	규격(사양)	1대당 활용인원
장 비	전기유압실험장치	실습용(50pcs이상)	5명
	유압 펌프 유닛		5명
공 구	일반수공구 세트	10pcs 이상	5명
소요재료	① 복동 실린더		
	② 4포트 2위치 방향제어 밸브		
	③ 릴리프 밸브		
	④ 양방향 유량제어 밸브		
	⑤ 압력게이지		

안전유의사항

- 유압 실습 장치의 전원 장치를 점검한다.
- 유압 탱크의 오일의 양 및 상태를 육안으로 점검한다.
- 유압 실습 장치 가동 후 5분 정도 무 부하 운전한다.
- 실습에 사용되는 수공구의 상태를 점검하고 정돈한다.
- 다른 사람이 실습 중에 스위치 등을 조작하지 않는다.
- 실습장 바닥에 오일이 떨어지면 즉시 제거하여 미끄럼 사고를 방지한다.
- 과격한 행동으로 실습 장치를 파손하거나 오작동 하지 않도록 한다.
- 실습 중에 항상 안전이 유지될 수 있도록 주의한다.

관련 자료

- 유압 실습 장치 사용자 매뉴얼
- 작업 표준서
- 관련 유압 부품 카타로그
- KS B ISO 1219 규격집
- 계산기
- 유지 보수 매뉴얼 및 장비 점검 일지

단원명 1 제로회어 구성하기

| 실기 내용 | 실린더의 중간정지 회로 실습_3위치 밸브 이용 |

1 실린더의 중간정지 회로 실습_3위치 밸브 이용

1. 과제 :

(1) 제시된 유압 회로를 사용하여 KS B ISO 1219-1(유체 동력 시스템 및 부품_그래픽 기호 및 회로도-제2부: 회로도)에 따라 그려보시오.
(2) 복동 실린더를 행정 중간의 임의의 위치에서 정지시킬 수 있어야 한다.

2. 실습목표 :

(1) 실린더의 중간정지 회로의 구성과 원리를 이해한다.
(2) 3위치 밸브의 구조와 원리를 이해한다.

3. 회로도

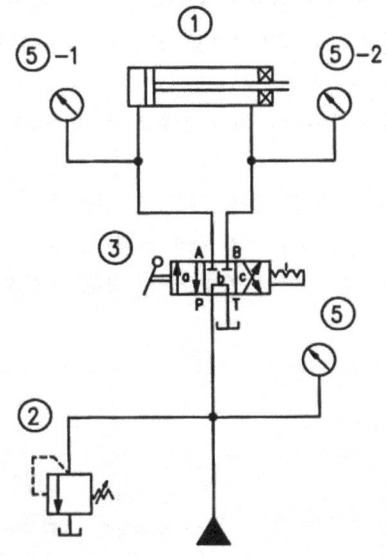

[그림1-3-14] 실린더 중간정지 회로(1)

4. 관련 지식

중간정지 회로란 실린더의 행정 도중 임의의 위치에서 정지시키는 회로를 말하며 유압에서는 단순히 정지시키는 것만으로는 의미가 없고 정지 위치에서 액추에이터를 고정시킬 수 있어야 하므로 로킹 회로란 용어를 사용하기도 한다.

실린더를 행정 도중에 정지시키기 위해서는 [그림1-3-14]에서 사용한 실린더와 같이 외부 브

유공압 제어3(유압제어)

레이크 기구에 의한 방법이나, 3위치 방향제어 밸브를 이용하는 방법. 또한 다음 항에 설명하는 파일럿 조작 체크 밸브를 이용하는 방법 등 여러 가지가 있다.

[그림1-3-14]은 중립 위치에서 바이패스 되는 바이패스 센터형의 3위치 밸브를 사용하여 실린더를 중간정지 시키는 4포트 2위치 방향제어 회로로서 변환 밸브 ③을 C위치로 하면 실린더가 전진하고, 전진도중에 중립 위치인 b위치로 전환하면 정지한다. 이때 펌프의 토 출유는 P → T로 바이패스되어 무부하 운전된다. 또한 a위치로 하면 후진한다.

이와 같이 3위치 방향제어 밸브를 사용하면 비교적 간단하게 중간정지 시킬 수 있으나, 일반적으로 방향제어 밸브가 스풀형식이기 때문에 내부 클리어런스에 의한 누설이 발생한다. 이 누설량은 밸브 크기, 압력, 유로 등에 따라 다르기 때문에 정지 위치가 어긋날 수도 있으므로 주의해야 한다. 따라서 [그림1-3-14]와 같이 외부 브레이크와 병용하면 정지위치에서 실린더를 확실히 고정할 수 있는 이점이 있다.

5. 실습 방법

(1) [그림1-3-14]와 같이 유압 시스템을 구성한다.
(2) 릴리프 밸브 ②이 완전히 열려 있는가를 확인하고 유압 펌프를 기동한다.
(3) 릴리프 밸브 ②의 조정핸들을 시계방향으로 천천히 회전시켜 압력게이지 ⑤의 값이 30MPa이 되도록 조정한다.
(4) 4포트 3위치 방향제어 밸브 ③을 c위치로 전환시켜 실린더가 100mm 정도 전진하면 b 위치로 전환시킨다.
(5) 다시 4포트 3위치 방향제어 밸브 ③을 c위치로 전한시키고 실린더가 전진 완료되면 중립위치인 b위치로 한 다음 a위치로 전환시켜 실린더를 후진시킨다.
(6) 릴리프 밸브 ②의 조정핸들을 완전히 열고 유압 펌프를 정지시킨다.

6. 실습결과 및 연습문제

(1) 실습 결과를 다음 표에 기록하시오.

릴리프 밸브의 설정 압력MPa	밸브의 위치	유로의 접속 상태	실린더의 운동방향	실린더의 동작시간		실린더 동작 중 압력	
				유량제어밸브 ⅓개 도시	유량제어밸브 ½개 도시	⑤-1	⑤-2
	a						
	b						
	c						

장비 및 도구, 소요재료

구 분	명 칭	규격(사양)	1대당 활용인원
장 비	전기유압실험장치	실습용(50pcs이상)	5명
	유압 펌프 유닛		5명
공 구	일반수공구 세트	10pcs 이상	5명
소요재료	① 브레이크 부착형 복동 실린더		
	② 릴리프 밸브		
	③ 4포트 3위치 방향제어 밸브		
	④ 4포트 3위치 방향제어 밸브		
	⑤ 압력게이지		

안전유의사항

- 유압 실습 장치의 전원 장치를 점검한다.
- 유압 탱크의 오일의 양 및 상태를 육안으로 점검한다.
- 유압 실습 장치 가동 후 5분 정도 무 부하 운전한다.
- 실습에 사용되는 수공구의 상태를 점검하고 정돈한다.
- 다른 사람이 실습 중에 스위치 등을 조작하지 않는다.
- 실습장 바닥에 오일이 떨어지면 즉시 제거하여 미끄럼 사고를 방지한다.
- 과격한 행동으로 실습 장치를 파손하거나 오작동 하지 않도록 한다.
- 실습 중에 항상 안전이 유지될 수 있도록 주의한다.

관련 자료

- 유압 실습 장치 사용자 매뉴얼
- 작업 표준서
- 관련 유압 부품 카타로그
- KS B ISO 1219 규격집
- 계산기
- 유지 보수 매뉴얼 및 장비 점검 일지

유공압 제어3(유압제어)

> **실기 내용**   파일럿 조작 체크 밸브 회로_로킹 회로

1 파일럿 조작 체크 밸브 회로(로킹 회로)

1. 과제 :

(1) 제시된 유압 회로를 사용하여 KS B ISO 1219-1(유체 동력 시스템 및 부품_그래픽 기호 및 회로도-제2부: 회로도)에 따라 그려보시오.
(2) 복동 실린더를 임의의 위치에서 정지시키고, 고정할 수 있어야 한다.

2. 실습목표 :

(1) 파일럿 조작 체크 밸브의 구조 원리를 이해한다.
(2) 파일럿 조작 체크 밸브의 적용 예를 이해한다.

3. 회로도

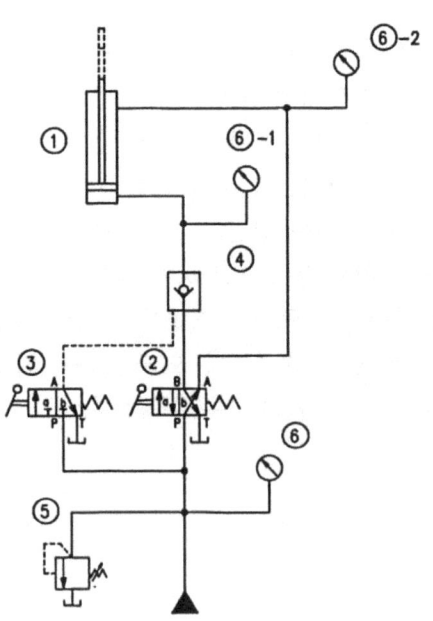

[그림1-3-15] 파일럿 조작 체크 밸브를 이용한 로킹 회로

4. 관련 지식

체크 밸브는 한 방향으로만 유체 흐름을 허용하고 반대 방향의 흐름을 차단하는 밸브이다. 이 체크 밸브에 파일럿 조작으로 반대 방향의 흐름도 허용하는 밸브가 파일럿 조작 체크 밸브이다. 즉, 파일럿 조작 체크 밸브는 한쪽 방향으로의 유동은 자유롭게 허용하고 반대 방향

의 유동은 차단되나 파일럿 신호가 존재할 때에만 허용하는 밸브이다.

파일럿 조작 체크 밸브는 실린더를 행정 임의의 위치에서 정지 시키는 회로에 사용되며 특히 외부 하중에 의해서도 실린더를 확실히 고정할 수 있는 이점이 있어 로킹 회로에 많이 이용되고 있다.

[그림1-3-15]의 동작원리는 4포트 2위치의 ②밸브를 a 위치로 전환시키면 실린더가 전진한다. 전진 도중에 밸브를 b 위치로 전환시키면 헤드 측으로 유입되었던 압유가 파일럿 조작 체크 밸브 ④에 의해 차단되므로 실린더는 고정된다. 여기서 3포트 밸브 ③을 a 위치로 전환시키면 파일럿 조작 체크 밸브 ④의 제어 포트에 압유가 가해져 체크 밸브를 밀어 올려 주므로 실린더 헤드 측 압유가 파일럿 조작 체크 밸브를 경유하며 방향제어 밸브 ②의 유로 B → T를 통하여 탱크로 복귀됨에 따라 실린더가 후진된다.

5. 실습 방법

(1) [그림1-3-15]와 같이 유압 시스템을 구성한다.
(2) 릴리프 밸브 ⑤가 완전히 열려 있는가를 확인하고 유압 펌프를 기동한다.
(3) 릴리프 밸브 ⑤의 조정핸들을 시계방향으로 천천히 회전시켜 압력 게이지 ⑥의 값이 30 MPa이 되도록 조정한다.
(4) 4포트 2위치 방향제어 밸브 ②를 a 위치로 전환시켜 실린더가 100mm 정도 전진하면 b 위치로 전환시키고 실린더의 상태를 확인한다.
(5) 다시 4포트 2위치 방향제어 밸브 ②를 a 위치로 전환시켜 실린더가 완전히 전진되면 b위치로 전환시키고 실린더의 상태를 확인한다.
(6) 3포트 2위치 방향제어 밸브 ③을 a 위치로 전환시켜 실린더가 하강하는지 확인하고 중간 위치에서 b 위치로 복귀시킨 후 실린더의 상태를 확인한다.
(7) 3포트 2위치 방향제어 밸브 ③을 a 위치로 전환시켜 실린더를 완전히 하강시킨 다음 릴리프 밸브의 핸들을 완전히 풀고 유압 펌프를 정지시킨다.

6. 실습결과 및 연습문제

(1) 실습 결과를 다음 표에 기록하시오.

릴리프 밸브의 설정 압력MPa	밸브 ②의 위치	밸브 ③의 위치	중간 정지시 압력		피스톤의 위치	파일럿 조작 체크 밸브의 상태
			⑥-1	⑥-2		
30	a	b	30	0	전진	
30	b	a	0	30	후진	

(2) 다음 회로의 동작 특성을 설명하시오.

유공압 제어3(유압제어)

장비 및 도구, 소요재료

구 분	명 칭	규격(사양)	1대당 활용인원
장 비	전기유압실험장치	실습용(50pcs이상)	5명
	유압 펌프 유닛		5명
공 구	일반수공구 세트	10pcs 이상	5명
소요재료	①복동 실린더		
	②4포트 2위치 방향제어 밸브		
	③3포트 2위치 방향제어 밸브		
	④파일럿 조작 체크 밸브		
	⑤릴리프 밸브		
	⑥압력 게이지		

안전유의사항

- 유압 실습 장치의 전원 장치를 점검한다.
- 유압 탱크의 오일의 양 및 상태를 육안으로 점검한다.
- 유압 실습 장치 가동 후 5분 정도 무 부하 운전한다.
- 실습에 사용되는 수공구의 상태를 점검하고 정돈한다.
- 다른 사람이 실습 중에 스위치 등을 조작하지 않는다.
- 실습장 바닥에 오일이 떨어지면 즉시 제거하여 미끄럼 사고를 방지한다.
- 과격한 행동으로 실습 장치를 파손하거나 오작동 하지 않도록 한다.
- 실습 중에 항상 안전이 유지될 수 있도록 주의한다.

관련 자료

- 유압 실습 장치 사용자 매뉴얼
- 작업 표준서
- 관련 유압 부품 카타로그
- KS B ISO 1219 규격집
- 계산기
- 유지 보수 매뉴얼 및 장비 점검 일지

단원명 1 제로회어 구성하기

| 실기 내용 | 배압 회로_카운터 밸런스 밸브 이용 |

1 배압 회로(카운터 밸런스 밸브 이용)

1. 과제 :

(1) 제시된 유압 회로를 사용하여 KS B ISO 1219-1(유체 동력 시스템 및 부품_그래픽 기호 및 회로도-제2부: 회로도)에 따라 그려보시오.
(2) 복동 실린더의 귀환포트에 배압을 주어 부하가 감소하더라도 균일한 속도가 얻어져야 한다.

2. 실습목표 :

(1) 배압 회로의 구성을 이해한다.
(2) 카운터 밸런스 밸브의 구조 원리를 이해한다.
(3) 카운터 밸런스 밸브의 적용 예를 알아본다.

3. 회로도

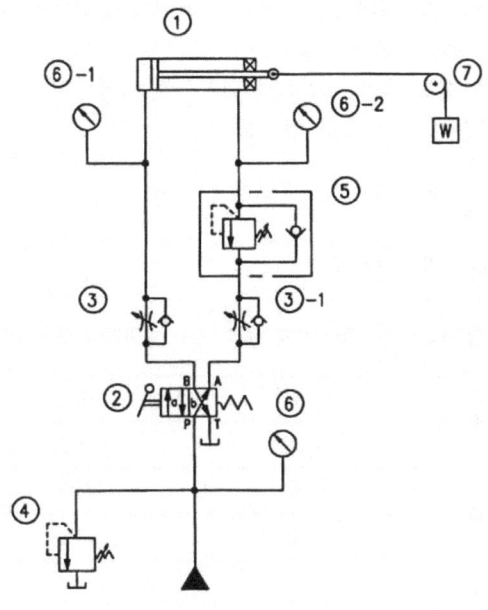

[그림1-3-16] 배압 회로

4. 관련 지식

실린더의 부하가 급격히 감소하더라도 피스톤이 급속으로 전진하는 것을 방지 한다든지 또는 수직 램의 자중 낙하를 방지하기 위해 실린더의 귀환 쪽에 배압을 걸어주는 회로를 배압

유공압 제어3(유압제어)

회로 또는 완충 회로라고 한다.
 즉, 실린더나 유압 모터로부터 배출되는 유체에 배압을 걸어 실린더 또는 유압 모터의 운동에 완충 역할을 한다. 이러한 배압 회로는 피스톤의 불규칙한 운동을 방지하는데 사용되며 특히 드릴링 유닛에서 피스톤이 스핀들과 같은 방향으로 견인력이 작용하여 순간적으로 급속 이송되는 경우가 발생될 수 있으며 이는 공구 파손을 초래하므로 완충 회로는 이를 방지하는데 사용된다.

5. 실습 방법

 주1) [그림1-3-16]은 먼저 배압 회로가 없는 시스템을 구성하여 실습해 보고, 카운터 밸런스 밸브 ⑤를 삽입하여 배압 회로로 구성하여 실습한 후 상호 비교 관찰해 본다.
 주2) 하중을 취급할 때는 특히 안전에 주의한다.
 (1) [그림1-3-16]과 같이 유압 시스템을 구성한다.
 (2) 릴리프 밸브 ④가 완전히 열려 있는가를 확인하고 유압 펌프를 기동한다.
 (3) 릴리프 밸브 ④의 조정핸들을 시계방향으로 천천히 회전시켜 압력 게이지 ⑥의 값이 30 MPa이 되도록 조정한다.
 (4) 4포트 2위치 방향제어 밸브 ②를 a 위치로 전환시켜 실린더의 동작 상태를 확인하고 이때 압력계 ⑥-1과 ⑥-2의 값을 확인한다.
 (5) 4포트 2위치 방향제어 밸브 ②를 b 위치로 전환시켜 압력계 ⑥-1과 ⑥-2의 값을 확인한다.
 (6) 릴리프 밸브 ④를 완전히 열고 유압 펌프를 정지시킨다.

6. 실습결과 및 연습문제

 (1) 실습 결과를 다음 표에 기록하시오.

구 분	설정 압력MPa	밸브 ②의 위치	실린더의 운동 상태	압 력 계	
				⑥-1	⑥-2
배압 회로가 없을 때	30	a	전진		
		b	후진		
배압 회로가 있을 때	30	a	전진		
		b	후진		

단원명 1 제로회어 구성하기

장비 및 도구, 소요재료

구 분	명 칭	규격(사양)	1대당 활용인원
장 비	전기유압실험장치	실습용(50pcs이상)	5명
	유압 펌프 유닛		5명
공 구	일반수공구 세트	10pcs 이상	5명
소요재료	①브레이크 부착 복동 실린더		
	②4포트 2위치 방향제어 밸브		
	③일방향 유량제어 밸브		
	④릴리프 밸브		
	⑤카운터 밸런스 밸브		
	⑥압력 게이지		
	⑦하중		

안전유의사항

- 유압 실습 장치의 전원 장치를 점검한다.
- 유압 탱크의 오일의 양 및 상태를 육안으로 점검한다.
- 유압 실습 장치 가동 후 5분 정도 무 부하 운전한다.
- 실습에 사용되는 수공구의 상태를 점검하고 정돈한다.
- 다른 사람이 실습 중에 스위치 등을 조작하지 않는다.
- 실습장 바닥에 오일이 떨어지면 즉시 제거하여 미끄럼 사고를 방지한다.
- 과격한 행동으로 실습 장치를 파손하거나 오작동 하지 않도록 한다.
- 실습 중에 항상 안전이 유지될 수 있도록 주의한다.

관련 자료

- 유압 실습 장치 사용자 매뉴얼
- 작업 표준서
- 관련 유압 부품 카타로그
- KS B ISO 1219 규격집
- 계산기
- 유지 보수 매뉴얼 및 장비 점검 일지

유공압 제어3(유압제어)

실기 내용 2단 속도 회로(1)_디셀러레이션 밸브 이용

1 2단 속도 회로(1)_디셀러레이션 밸브 이용

1. 과제 :

(1) 제시된 유압 회로를 사용하여 KS B ISO 1219-1(유체 동력 시스템 및 부품_그래픽 기호 및 회로도-제2부: 회로도)에 따라 그려보시오.
(2) 복동 실린더의 속도를 행정 도중에 변화시키려고 한다.

2. 실습목표 :

(1) 속도 변환 회로에 대해 알아본다.
(2) 디셀러레이션 밸브의 구조 원리를 이해한다.

3. 회로도

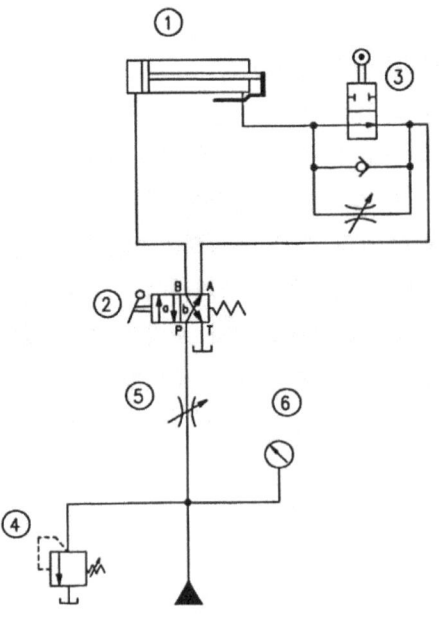

[그림1-3-17] 2단 속도 회로(1)

4. 관련 지식

공작기계의 절삭 작업 등에는 가공 작업을 하지 않는 전진 운동은 빠르게 이송하고, 가공 작업을 하는 운동은 천천히 이송시키기 위한 것이 필요하고, 이러한 경우에 사용되는 회로가 2단 속도 회로 또는 행정속도 조절회로라고 한다.

단원명 1 제로회어 구성하기

5. 실습 방법

(1) [그림1-3-17]과 같이 유압 시스템을 구성한다.
(2) 릴리프 밸브 ④가 완전히 열려 있는가를 확인하고 유압 펌프를 기동한다.
(3) 릴리프 밸브 ④의 조정핸들을 시계방향으로 천천히 회전시켜 압력 게이지 ⑥의 값이 30 MPa이 되도록 조정한다.
(4) 유량제어 밸브 ⑤의 조정 핸들을 중간정도로 조정한다.
(5) 4포트 2위치 방향제어 밸브 ②를 a 위치로 전환시켜 실린더의 동작 상태를 확인한다.
(6) 4포트 2위치 방향제어 밸브 ②를 b 위치로 전환시켜 실린더의 동작 상태를 확인한다.
(7) 릴리프 밸브 ④를 완전히 열고 유압 펌프를 정지시킨다.

6. 실습결과 및 연습문제

(1) [그림1-3-17]의 동작 원리를 전진 행정과 후진 행정으로 각각 구별하여 설명하시오.
(2) 디셀러레이션 밸브의 구조 원리를 설명하시오.

유공압 제어3(유압제어)

장비 및 도구, 소요재료

구 분	명 칭	규격(사양)	1대당 활용인원
장 비	전기유압실험장치	실습용(50pcs이상)	5명
	유압 펌프 유닛		5명
공 구	일반수공구 세트	10pcs 이상	5명
소요재료	①복동 실린더		
	②4포트 2위치 방향제어 밸브		
	③디셀러레이션 밸브		
	④릴리프 밸브		
	⑤양방향 유량제어 밸브		
	⑥압력 게이지		

안전유의사항

- 유압 실습 장치의 전원 장치를 점검한다.
- 유압 탱크의 오일의 양 및 상태를 육안으로 점검한다.
- 유압 실습 장치 가동 후 5분 정도 무 부하 운전한다.
- 실습에 사용되는 수공구의 상태를 점검하고 정돈한다.
- 다른 사람이 실습 중에 스위치 등을 조작하지 않는다.
- 실습장 바닥에 오일이 떨어지면 즉시 제거하여 미끄럼 사고를 방지한다.
- 과격한 행동으로 실습 장치를 파손하거나 오작동 하지 않도록 한다.
- 실습 중에 항상 안전이 유지될 수 있도록 주의한다.

관련 자료

- 유압 실습 장치 사용자 매뉴얼
- 작업 표준서
- 관련 유압 부품 카타로그
- KS B ISO 1219 규격집
- 계산기
- 유지 보수 매뉴얼 및 장비 점검 일지

단원명 1 제로회어 구성하기

실기 내용 2단 속도 회로(2)_유량제어 밸브와 2포트 밸브 이용

① 2단 속도 회로(2)_유량제어 밸브와 2포트 밸브 이용

1. 과제 :

(1) 제시된 유압 회로를 사용하여 KS B ISO 1219-1(유체 동력 시스템 및 부품_그래픽 기호 및 회로도-제2부: 회로도)에 따라 그려보시오.
(2) 복동 실린더의 행정 끝단에서 속도를 떨어뜨려 정지시키려고 한다.

2. 실습목표 :

(1) 가감속 회로의 구성과 원리를 이해한다.
(2) 실린더의 행정 끝단에서 속도를 떨어뜨려 쿠션을 발생시키는 회로에 대해 알아본다.

3. 회로도

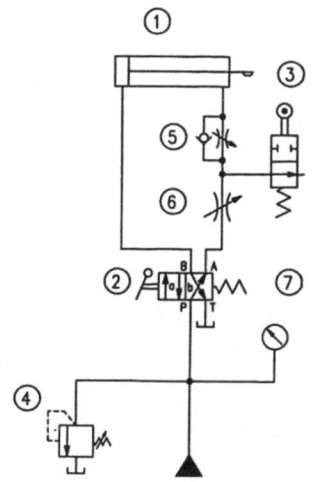

[그림1-3-18] 2단 속도 회로(2)

4. 관련 지식

 2단 속도회로 (고저속 회로 또는 가감속 회로라고도 함) 는 공작기계 등에서 급속 이송이나 절삭 이송으로 나누어 동작시키기도 하고 또는 실린더의 행정 끝단에서 액추에이터의 속도를 떨어뜨려 완충작용을 시키는 경우도 있다.
 [그림1-3-18]이 그 일례로 유량제어 밸브 ⑤는 고속용이고, ⑥은 저속용으로 조절해 두면 실린더 행정 끝단에서 ③의 2포트 2위치 방향제어 밸브가 실린더 도그에 의해 동작되므로 피스

유공압 제어3(유압제어)

톤 로드 축의 귀환류가 저속용 유량제어 밸브를 통과하므로 실린더는 저속으로 바뀌어 충격을 완화시켜 주는 역할을 한다.

5. 실습 방법

(1) [그림1-3-18]과 같이 유압 시스템을 구성한다.
(2) 릴리프 밸브 ④가 완전히 열려 있는가를 확인하고 유압 펌프를 기동한다.
(3) 릴리프 밸브 ④의 조정핸들을 시계방향으로 천천히 회전시켜 압력 게이지 ⑥의 값이 30 MPa이 되도록 조정한다.
(4) 유량제어 밸브 ⑤의 조정 핸들을 중간정도로 조정한다.
(5) 4포트 2위치 방향제어 밸브 ②를 a 위치로 전환시켜 실린더의 동작 상태를 확인한다.
(6) 4포트 2위치 방향제어 밸브 ②를 b 위치로 전환시켜 실린더의 동작 상태를 확인한다.
(7) 릴리프 밸브 ④를 완전히 열고 유압 펌프를 정지시킨다.

6. 실습결과 및 연습문제

(1) [그림1-3-18]의 동작 원리를 전진 행정과 후진 행정으로 각각 구별하여 설명하시오.

단원명 1 제로회어 구성하기

장비 및 도구, 소요재료

구 분	명 칭	규격(사양)	1대당 활용인원
장 비	전기유압실험장치	실습용(50pcs이상)	5명
	유압 펌프 유닛		5명
공 구	일반수공구 세트	10pcs 이상	5명
소요재료	①복동 실린더		
	②4포트 2위치 방향제어 밸브		
	③2포트 2위치 방향제어 밸브		
	④릴리프 밸브		
	⑤일방향 유량제어 밸브		
	⑥양방향 유량제어 밸브		
	⑦압력 게이지		

안전유의사항

- 유압 실습 장치의 전원 장치를 점검한다.
- 유압 탱크의 오일의 양 및 상태를 육안으로 점검한다.
- 유압 실습 장치 가동 후 5분 정도 무 부하 운전한다.
- 실습에 사용되는 수공구의 상태를 점검하고 정돈한다.
- 다른 사람이 실습 중에 스위치 등을 조작하지 않는다.
- 실습장 바닥에 오일이 떨어지면 즉시 제거하여 미끄럼 사고를 방지한다.
- 과격한 행동으로 실습 장치를 파손하거나 오작동 하지 않도록 한다.
- 실습 중에 항상 안전이 유지될 수 있도록 주의한다.

관련 자료

- 유압 실습 장치 사용자 매뉴얼
- 작업 표준서
- 관련 유압 부품 카타로그
- KS B ISO 1219 규격집
- 계산기
- 유지 보수 매뉴얼 및 장비 점검 일지

유공압 제어3(유압제어)

> **실기 내용**   감압 회로_감압 밸브 이용

1 감압 회로_감압 밸브 이용

1. 과제 :

(1) 제시된 유압 회로를 사용하여 KS B ISO 1219-1(유체 동력 시스템 및 부품_그래픽 기호 및 회로도-제2부: 회로도)에 따라 그려보시오.
(2) 두 개의 실린더가 한 개의 유압 펌프로 구동된다. 다만 실린더 A는 40MPa으로 운동되고 실린더 B는 20MPa으로 동작되어야 한다.

2. 실습목표 :

(1) 감압 회로의 구성과 특성을 이해한다.
(2) 감압 밸브의 구조 · 원리를 이해한다.

3. 회로도

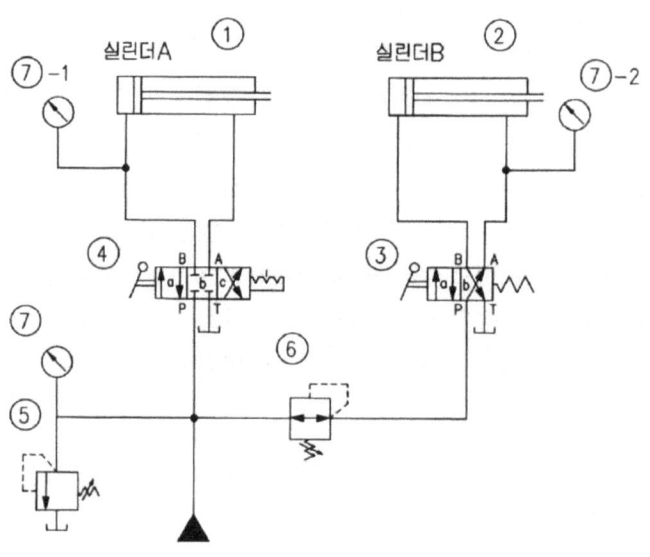

[그림1-3-19] 감압 회로

4. 관련 지식

주 회로 압력은 높은데 비해 기계적 강도 등에 의해 주 회로 압력보다 낮은 압력이 필요할 때 감압 회로가 이용된다.

[그림1-3-19]는 1개의 유압원으로 2개의 실린더가 동작되고, 실린더 A는 고압으로, 실린더 B 는 저압으로 운동되는 감압 회로의 일예이다.

단원명 1 제로회어 구성하기

5. 실습 방법

(1) [그림1-3-19]와 같이 유압 시스템을 구성한다.
(2) 릴리프 밸브 ⑤가 완전히 열려 있는가를 확인하고 유압 펌프를 기동한다.
(3) 릴리프 밸브 ⑤의 조정핸들을 시계방향으로 천천히 회전시켜 압력 게이지 ⑦의 값이 40 MPa이 되도록 조정한다.
(4) 감압 밸브 ⑥은 20MPa이 되도록 압력계 ⑦-2를 보면서 조정한다.
(5) 4포트 3위치 방향제어 밸브 ④를 c 위치로 전환시켜 실린더의 동작 상태를 확인한다.
(6) 4포트 2위치 방향제어 밸브 ③를 a 위치로 전환시켜 실린더의 동작 상태를 확인한다.
(7) 두 개의 실린더를 모두 복귀시키고, 릴리프 밸브 ⑤의 조정핸들을 완전히 열어 둔다.
(8) 유압 펌프를 정지시킨다.

6. 실습결과 및 연습문제

(1) 실습 결과를 다음 표에 기록하시오.

구분	실린더의 운동 압력MPa	실린더의 출력MPa
실린더 A		
실린더 B		

(2) 감압 밸브의 기능을 설명하시오

유공압 제어3(유압제어)

장비 및 도구, 소요재료

구 분	명 칭	규격(사양)	1대당 활용인원
장 비	전기유압실험장치	실습용(50pcs이상)	5명
	유압 펌프 유닛		5명
공 구	일반수공구 세트	10pcs 이상	5명
소요재료	①복동 실린더		
	②차동 실린더		
	③4포트 2위치 방향제어 밸브		
	④4포트 3위치 방향제어 밸브		
	⑤릴리프 밸브		
	⑥감압 밸브		
	⑦압력 게이지		

안전유의사항

- 유압 실습 장치의 전원 장치를 점검한다.
- 유압 탱크의 오일의 양 및 상태를 육안으로 점검한다.
- 유압 실습 장치 가동 후 5분 정도 무 부하 운전한다.
- 실습에 사용되는 수공구의 상태를 점검하고 정돈한다.
- 다른 사람이 실습 중에 스위치 등을 조작하지 않는다.
- 실습장 바닥에 오일이 떨어지면 즉시 제거하여 미끄럼 사고를 방지한다.
- 과격한 행동으로 실습 장치를 파손하거나 오작동 하지 않도록 한다.
- 실습 중에 항상 안전이 유지될 수 있도록 주의한다.

관련 자료

- 유압 실습 장치 사용자 매뉴얼
- 작업 표준서
- 관련 유압 부품 카타로그
- KS B ISO 1219 규격집
- 계산기
- 유지 보수 매뉴얼 및 장비 점검 일지

단원명 1 제로회어 구성하기

| 실기 내용 | 시퀀스 회로_시퀀스 밸브 이용 |

1 시퀀스 회로_시퀀스 밸브 이용

1. 과제 :

(1) 제시된 유압 회로를 사용하여 KS B ISO 1219-1(유체 동력 시스템 및 부품_그래픽 기호 및 회로도-제2부: 회로도)에 따라 그려보시오.
(2) 두 개의 실린더 중 실린더 A가 전진하고 난 후에 실린더 B가 전진되어야 하고, 반대로 복귀는 실린더 B가 복귀된 후에 실린더 A가 복귀되어야 한다.

2. 실습목표 :

(1) 시퀀스 회로의 의미와 구성을 이해한다.
(2) 시퀀스 밸브의 기능을 이해한다.
(3) 시퀀스 밸브의 구조 원리를 이해한다.

3. 회로도

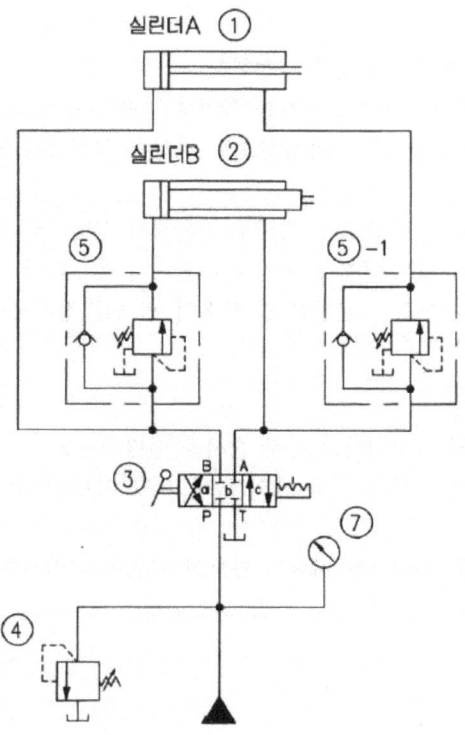

[그림1-3-20] 시퀀스 회로

유공압 제어3(유압제어)

4. 관련 지식

시퀀스 밸브는 일명 순차작동 밸브라고도 하며 회로의 압력에 따라 액추에이터의 작동순서를 자동적으로 제어하는데 사용된다.

[그림1-3-20]은 두 개의 시퀀스 밸브를 사용하여 실린더 A와 실린더 B를 순차적으로 작동시키는 유압 회로이다. 여기서 A 실린더를 클램핑용 실린더라 하고, B 실린더를 드릴 이송용 실린더라 가정할 때, 그 작동 순서는 먼저 클램핑용 실린더가 클램핑을 완료한 후에 드릴 이송용 실린더가 전진해야 되며, 복귀는 반대로 드릴 이송용 실린더가 복귀된 후에 클램프가 해제되어야 안전하다.

이러한 용도에 시퀀스 밸브가 이용 되며 [그림1-3-20]의 동작 원리는 다음과 같다.

먼저 4포트 3위치 방향제어 밸브 ③을 c 위치로 전환시키면 압유는 먼저 실린더 A의 헤드측으로 유입되어 실린더 A가 전진하고, 그 실린더 A가 전진 완료되면 회로 내 압력이 상승하여 시퀀스 밸브 ⑤를 작동시키게 되고, 그 결과 압유가 실린더 B의 헤드 측에 작용되어 실린더 B를 전진시킨다. 그리고 실린더를 복귀시키기 위해 4포트 3위치 방향제어 밸브 ③을 a 위치로 전환시키면 먼저 실린더 B가 복귀되고 이어서 회로 내 압력이 상승하면 시퀀스 밸브 ⑤-1이 동작되어 실린더 A가 후진한다.

5. 실습 방법

(1) [그림1-3-20]과 같이 유압 시스템을 구성한다.
(2) 릴리프 밸브 ④가 완전히 열려 있는가를 확인하고 유압 펌프를 기동한다.
(3) 릴리프 밸브 ④의 조정핸들을 시계방향으로 천천히 회전시켜 압력 게이지 ⑦의 값이 30 MPa이 되도록 조정한다.
(4) 4포트 3위치 방향제어 밸브 ③를 c 위치로 전환시켜 실린더의 동작 상태를 확인한다.
(5) 4포트 3위치 방향제어 밸브 ③를 a 위치로 전환시켜 실린더의 동작 상태를 확인한다.
(6) 릴리프 밸브 ④의 조정핸들을 완전히 열고 유압 펌프를 정지시킨다.

6. 실습결과 및 연습문제

(1) [그림1-3-20]을 실습하고 실린더의 동작 순서를 설명하시오.
(2) [그림1-3-20]에서 시퀀스 밸브 ⑤와 ⑥의 옆에 체크 밸브를 병렬로 설치한 이유를 설명하시오.
(3) 직동형 시퀀스 밸브와 파일럿형 시퀀스 밸브의 기호를 그리시오.
 ① 직동형   ② 파일럿형

단원명 1 제로회어 구성하기

장비 및 도구, 소요재료

구 분	명 칭	규격(사양)	1대당 활용인원
장 비	전기유압실험장치	실습용(50pcs이상)	5명
	유압 펌프 유닛		5명
공 구	일반수공구 세트	10pcs 이상	5명
소요재료	①복동 실린더		
	②차동 실린더		
	③4포트 3위치 방향제어 밸브		
	④릴리프 밸브		
	⑤시퀀스 밸브		
	⑥체크 밸브 내장 호스		
	⑦압력 게이지		

안전유의사항

- 유압 실습 장치의 전원 장치를 점검한다.
- 유압 탱크의 오일의 양 및 상태를 육안으로 점검한다.
- 유압 실습 장치 가동 후 5분 정도 무 부하 운전한다.
- 실습에 사용되는 수공구의 상태를 점검하고 정돈한다.
- 다른 사람이 실습 중에 스위치 등을 조작하지 않는다.
- 실습장 바닥에 오일이 떨어지면 즉시 제거하여 미끄럼 사고를 방지한다.
- 과격한 행동으로 실습 장치를 파손하거나 오작동 하지 않도록 한다.
- 실습 중에 항상 안전이 유지될 수 있도록 주의한다.

관련 자료

- 유압 실습 장치 사용자 매뉴얼
- 작업 표준서
- 관련 유압 부품 카타로그
- KS B ISO 1219 규격집
- 계산기
- 유지 보수 매뉴얼 및 장비 점검 일지

유공압 제어3(유압제어)

실기 내용   동기 회로(1)_유량제어 밸브 이용

1 동기 회로(1)_유량제어 밸브 이용

1. 과제 :

(1) 제시된 유압 회로를 사용하여 KS B ISO 1219-1(유체 동력 시스템 및 부품_그래픽 기호 및 회로도-제2부: 회로도)에 따라 그려보시오.
(2) 두 개의 실린더가 유량조정 밸브에 의해 동기 운전되어야 한다.

2. 실습목표 :

(1) 동기회로의 의미를 이해한다.
(2) 동기회로의 구성을 이해한다.

3. 회로도

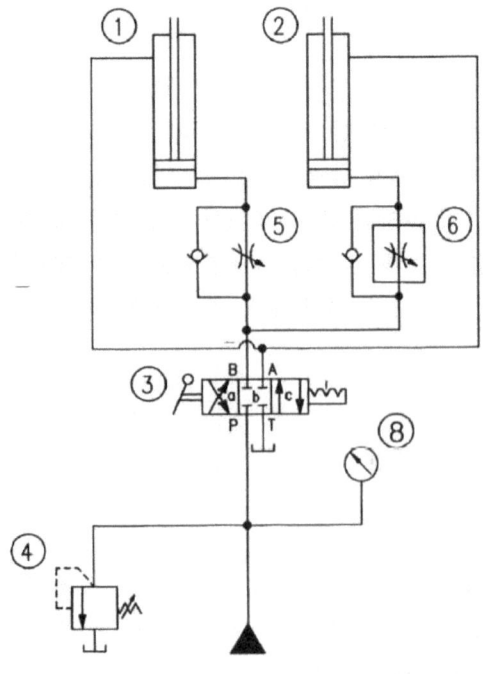

[그림1-3-21] 유량제어 밸브를 이용한 동기회로

4. 관련 지식

단원명 1 제로회어 구성하기

두 개 또는 그 이상의 유압 액추에이터를 동기 운전, 즉 완전히 동일한 속도나 위치로 작동시키고자 할 때, 이론적으로는 같은 크기의 실린더에 동일 압력의 압유를 같은 양으로 공급하면 동기 운전을 하는 셈이지만, 실제로는 각 액추에이터의 조립상의 공차에 의한 치수오차, 부하 분포의 불균일, 유압 기기의 마찰이나 내부 누설 등의 차이로 완전히 동기되지는 않는다. 따라서 액추에이터를 동기 시키는 회로에 대한 연구가 계속 되었고 그 결과 유량제어 밸브, 유압 탱크, 분류 밸브 등으로 보정하거나, 실린더의 배열, 기계적 제한 기구 등으로 수정하는 방법 등이 취해지고 있다.

[그림1-3-21]은 두 개의 유량조정 밸브를 실린더의 귀환 측에 설치하여 후진 속도를 동기시키는 회로를 나타낸 것으로, 이 방식은 유량조정 밸브의 정도를 완전히 동일시키기 어려우므로 조정에 기술이 필요하다.

5. 실습 방법

주1) 동기회로에는 동일한 크기의 실린더를 사용하여야하나 ED-7960의 복동 실린더와 차동 실린더는 각기 다르므로 유량조정 밸브의 조정량을 각각 조절해야 한다.

(1) [그림1-3-21]과 같이 유압 시스템을 구성한다.
(2) 릴리프 밸브 ④가 완전히 열려 있는가를 확인하고 유압 펌프를 기동한다.
(3) 릴리프 밸브 ④의 조정핸들을 시계방향으로 천천히 회전시켜 압력 게이지 ⑧의 값이 30 MPa이 되도록 조정한다.
(4) 방향제어 밸브 ③을 a와 c 위치로 각각 전환시키면서 유량조정 밸브 ⑤와 ⑥을 각각 조절하여 두 개의 실린더 ①, ②가 동기 운전되도록 실습한다.
(5) 릴리프 밸브 ④의 조정핸들을 완전히 열고 유압 펌프를 정지시킨다.

6. 실습결과 및 연습문제

(1) [그림1-3-21]에서 두 개의 실린더가 동기 운전될 때 유량조정 밸브 ⑤와 ⑥의 조정 값은 얼마인가?
(2) 유량조정 밸브 ⑤에서 유로에 그려진 화살표의 의미는 무엇인가?

유공압 제어3(유압제어)

장비 및 도구, 소요재료

구 분	명 칭	규격(사양)	1대당 활용인원
장 비	전기유압실험장치	실습용(50pcs이상)	5명
	유압 펌프 유닛		5명
공 구	일반수공구 세트	10pcs 이상	5명
소요재료	①복동 실린더		
	②차동 실린더		
	③4포트 3위치 방향제어 밸브		
	④릴리프 밸브		
	⑤유량조정 밸브		
	⑥압력 보상형 유량조정 밸브		
	⑦체크 밸브 내장 호스		
	⑧압력 게이지		

안전유의사항

- 유압 실습 장치의 전원 장치를 점검한다.
- 유압 탱크의 오일의 양 및 상태를 육안으로 점검한다.
- 유압 실습 장치 가동 후 5분 정도 무 부하 운전한다.
- 실습에 사용되는 수공구의 상태를 점검하고 정돈한다.
- 다른 사람이 실습 중에 스위치 등을 조작하지 않는다.
- 실습장 바닥에 오일이 떨어지면 즉시 제거하여 미끄럼 사고를 방지한다.
- 과격한 행동으로 실습 장치를 파손하거나 오작동 하지 않도록 한다.
- 실습 중에 항상 안전이 유지될 수 있도록 주의한다.

관련 자료

- 유압 실습 장치 사용자 매뉴얼
- 작업 표준서
- 관련 유압 부품 카타로그
- KS B ISO 1219 규격집
- 계산기
- 유지 보수 매뉴얼 및 장비 점검 일지

단원명 1 제로회어 구성하기

필요 지식   동기 회로(2)_유량 분류 밸브 이용

1 동기 회로(2)_유량 분류 밸브 이용

1. 과제 :

(1) 제시된 유압 회로를 사용하여 KS B ISO 1219-1(유체 동력 시스템 및 부품_그래픽 기호 및 회로도-제2부: 회로도)에 따라 그려보시오.
(2) 두 개의 실린더가 유량 분류 밸브에 의해 동기 운전되어야 한다.

2. 실습목표 :

(1) 유량 분류 밸브의 기능을 익힌다.
(2) 유량 분류 밸브를 이용한 동기회로의 구성을 이해한다.

3. 회로도

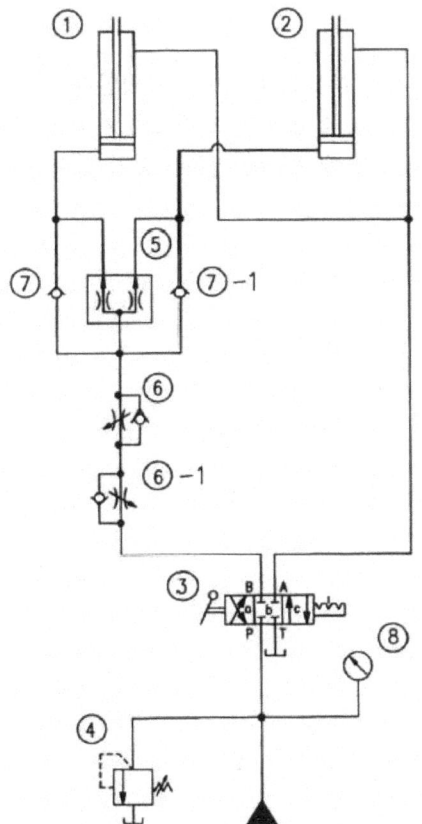

[그림1-3-22] 분류 밸브를 이용한 동기회로

111

유공압 제어3(유압제어)

4. 관련 지식

[그림1-3-22]는 유량 분류 밸브를 이용하여 두 개의 실린더를 동기 운전하는 회로이다.

[그림1-3-22]에서 ⑤가 분류 밸브로서 이 밸브는 유입된 유량을 2등분 하는 작용을 하기 때문에 각각의 실린더에 똑같은 유량을 공급함으로써 동기 운전을 실현하는 것이다.

5. 실습 방법

(1) [그림1-3-22]와 같이 유압 시스템을 구성한다.
(2) 릴리프 밸브 ④가 완전히 열려 있는가를 확인하고 유압 펌프를 기동한다.
(3) 릴리프 밸브 ④의 조정핸들을 시계방향으로 천천히 회전시켜 압력 게이지 ⑧의 값이 30 MPa이 되도록 조정한다.
(4) 4포트 3위치 방향제어 밸브 ③을 a 위치 또는 c 위치로 각각 전환 시키면서 실린더의 동작 상태를 확인한다.
(5) 릴리프 밸브 ④의 조정핸들을 완전히 열고 유압 펌프를 정지시킨다.

6. 실습결과 및 연습문제

(1) 유량 분류 밸브 ⑤에 그려진 화살표의 의미는 무엇인가?
(2) [그림1-3-22]에서 ⑦과 ⑦-1에 설치된 체크 밸브의 기능을 설명하시오.
(3) 유압 기기에는 분류 밸브와 반대 기능의 집류 밸브가 있다. 집류 밸브의 기호를 그리시오.

단원명 1 제로회어 구성하기

장비 및 도구, 소요재료

구 분	명 칭	규격(사양)	1대당 활용인원
장 비	전기유압실험장치	실습용(50pcs이상)	5명
	유압 펌프 유닛		5명
공 구	일반수공구 세트	10pcs 이상	5명
소요재료	①복동 실린더		
	②차동 실린더		
	③4포트 3위치 방향제어 밸브		
	④릴리프 밸브		
	⑤유량 분류 밸브		
	⑥일방향 유량조정 밸브		
	⑦체크 밸브 내장 호스		
	⑧압력 게이지		

안전유의사항

- 유압 실습 장치의 전원 장치를 점검한다.
- 유압 탱크의 오일의 양 및 상태를 육안으로 점검한다.
- 유압 실습 장치 가동 후 5분 정도 무 부하 운전한다.
- 실습에 사용되는 수공구의 상태를 점검하고 정돈한다.
- 다른 사람이 실습 중에 스위치 등을 조작하지 않는다.
- 실습장 바닥에 오일이 떨어지면 즉시 제거하여 미끄럼 사고를 방지한다.
- 과격한 행동으로 실습 장치를 파손하거나 오작동 하지 않도록 한다.
- 실습 중에 항상 안전이 유지될 수 있도록 주의한다.

관련 자료

- 유압 실습 장치 사용자 매뉴얼
- 작업 표준서
- 관련 유압 부품 카타로그
- KS B ISO 1219 규격집
- 계산기
- 유지 보수 매뉴얼 및 장비 점검 일지

유공압 제어3(유압제어)

실기 내용   유압 모터 제어회로 (1)_일정 토크 구동 회로

1 유압 모터 제어회로 (1)_일정 토크 구동 회로

1. 과제 :

(1) 제시된 유압 회로를 사용하여 KS B ISO 1219-1(유체 동력 시스템 및 부품_그래픽 기호 및 회로도-제2부: 회로도)에 따라 그려보시오.
(2) 유압 모터를 일정 토크로 회전 시키려고 한다.

2. 실습목표 :

(1) 유압 모터의 구동 회로에 대해 알아본다.
(2) 유압 모터의 방향 및 속도제어 회로에 대해 알아본다.

3. 회로도

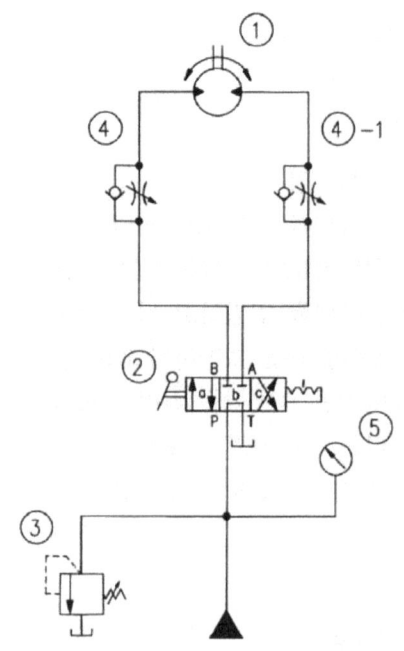

[그림1-3-23] 유압 모터의 일정 토크 구동 회로

4. 관련 지식

  유압 모터의 제어 회로도 실린더 제어와 마찬가지로 압력, 유량, 방향의 3가지 제어를 바탕으로 구성되며, 유압 모터의 출력은 회전력과 회전 속도에 의해 결정되어지며 이것은 공급 압력과 공급 유량을 제어하는 것에 따라 회전력과 회전 속도가 제어된다.

유압 모터의 발생 토크를 일정하게 하려면 공급 압력을 일정하게 해야 하고, [그림1-3-23]이 그 예이다. 즉 [그림1-3-23]은 정토출 펌프와 릴리프 밸브를 이용한 일정 토크 구동 회로로서 릴리프 밸브 ③에 의해 압력을 일정하게 하고 있다. 따라서 토크는 일정하게 된다. 회로에서 ④와 ④-1은 유압 모터의 속도를 제어하기 위해 설치한 유량제어 밸브이다.

5. 실습 방법

주1) [그림1-3-23]에서 릴리프 밸브 ③에 설정압을 셋팅하려면 4포트 3위치 방향제어 밸브가 중립위치에서 바이패스 되므로 밸브 ② 바로 전에 차단 밸브를 설치하여 압력을 설정해야 한다.

(1) [그림1-3-23]과 같이 유압 시스템을 구성한다.
(2) 릴리프 밸브 ③이 완전히 열려 있는가를 확인하고 유압 펌프를 기동한다.
(3) 릴리프 밸브 ③의 조정핸들을 시계방향으로 천천히 회전시켜 압력게이지 ⑤의 값이 30MPa이 되도록 조정한다.
(4) 방향제어 밸브 ②를 각각 a, b, c 위치로 전환시켜 모터의 동작 상태를 확인한다. 이때 유량제어 밸브 ④와 ④-1을 각각 조절하여 회전 속도를 변화시켜 본다.
(5) 릴리프 밸브 ③의 조정 핸들을 완전히 열고 유압 펌프를 정지시킨다.

6. 실습결과 및 연습문제

(1) 유압 모터의 종류를 설명하시오.
(2) 유압 모터의 사용 예를 3가지만 열거하시오.

유공압 제어3(유압제어)

장비 및 도구, 소요재료

구 분	명 칭	규격(사양)	1대당 활용인원
장 비	전기유압실험장치	실습용(50pcs이상)	5명
	유압 펌프 유닛		5명
공 구	일반수공구 세트	10pcs 이상	5명
소요재료	① 유압 모터		
	② 4포트 3위치 방향제어 밸브		
	③ 릴리프 밸브		
	④ 일방향 유량제어 밸브		
	⑤ 압력게이지		

안전유의사항

- 유압 실습 장치의 전원 장치를 점검한다.
- 유압 탱크의 오일의 양 및 상태를 육안으로 점검한다.
- 유압 실습 장치 가동 후 5분 정도 무 부하 운전한다.
- 실습에 사용되는 수공구의 상태를 점검하고 정돈한다.
- 다른 사람이 실습 중에 스위치 등을 조작하지 않는다.
- 실습장 바닥에 오일이 떨어지면 즉시 제거하여 미끄럼 사고를 방지한다.
- 과격한 행동으로 실습 장치를 파손하거나 오작동 하지 않도록 한다.
- 실습 중에 항상 안전이 유지될 수 있도록 주의한다.

관련 자료

- 유압 실습 장치 사용자 매뉴얼
- 작업 표준서
- 관련 유압 부품 카타로그
- KS B ISO 1219 규격집
- 계산기
- 유지 보수 매뉴얼 및 장비 점검 일지

단원명 1 제로회어 구성하기

실기 내용   유압 모터 제어회로 (2)_브레이크 회로

1 유압 모터 제어회로 (2)_브레이크 회로

1. 과제 :

(1) 제시된 유압 회로를 사용하여 KS B ISO 1219-1(유체 동력 시스템 및 부품_그래픽 기호 및 회로도-제2부: 회로도)에 따라 그려보시오.
(2) 유압 모터가 정시 신호가 입력되면 즉시 정지되어야 한다.

2. 실습목표 :

(1) 유압 모터의 관성에 의한 회전과 공기 혼입 방지회로에 대해 알아본다.
(2) 유압 모터의 브레이크 회로의 구성과 의미를 이해한다.

3. 회로도

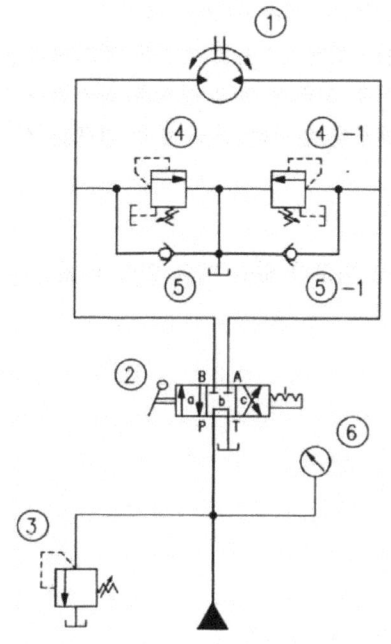

[그림1-3-24] 유압 모터의 브레이크 회로

4. 관련 지식

유압 모터를 정지시키거나 회전 방향을 변환시킬 때, 유압 펌프에서 유압 모터로의 압유는 차단되는데 반해 유압 모터는 모터 자신의 관성이나 부하의 관성으로 인해 회전을 계속하려

유공압 제어3(유압제어)

고 한다. 그 결과 유압 모터는 펌프작용을 하게 되는 셈이므로 공기를 흡입하게 되고, 회로 내에서는 서지압이 발생된다. 브레이크 회로는 유압 모터에 배압을 걸어 브레이크 작용을 시키는 것으로 그 일예가 [그림1-3-24]이다.

 [그림1-3-24]는 시퀀스 밸브 2개와 체크 밸브 2개를 조합하여 브레이크 회로를 구성한 것으로, 먼저 모터를 회전시키기 위해 4포트 3위치 밸브 ②를 a나 c위치로 전환시킨 후, 정에 의해 계속 회전하려 하고 이 때문에 브레이크 회로의 시퀀스 밸브에 설정된 압력보다 고압으로 되는 압유는 시퀀스 밸브를 통해 부압 측으로 공급된다. 이에 따라 출구 측에 배압이 가해져 유압 모터를 정지시킨다.

5. 실습 방법

(1) [그림1-3-24]와 같이 유압 시스템을 구성한다.
(2) 릴리프 밸브 ③이 완전히 열려 있는가를 확인하고 유압 펌프를 기동한다.
(3) 릴리프 밸브 ③의 조정핸들을 시계방향으로 천천히 회전시켜 압력게이지 ⑥의 값이 30MPa이 되도록 조정한다. 이때 릴리프 밸브에 설정 압력을 정확하게 셋팅하려면 밸브 ②의 바로 전단에 차단밸브를 설치하여 설정하여야 한다.
(4) 4포트 3위치 방향제어 밸브 ②를 a또는 c 위치로 전환시켜 모터를 회전시키고, 다시 중립 위치인 b위치로 전환시킨 후 모터의 동작 상태를 확인한다.
(5) 릴리프 밸브 ③의 조정 핸들을 완전히 열고 유압 펌프를 정지시킨다.

6. 실습결과 및 연습문제

(1) [그림1-3-24]에서 브레이크 회로가 없을 때와 있을 때를 각각 실습하고 모터의 운동 상태를 설명하시오.

단원명 1 제로회어 구성하기

장비 및 도구, 소요재료

구 분	명 칭	규격(사양)	1대당 활용인원
장 비	전기유압실험장치	실습용(50pcs이상)	5명
	유압 펌프 유닛		5명
공 구	일반수공구 세트	10pcs 이상	5명
소요재료	① 유압 모터		
	② 4포트 3위치 방향제어 밸브		
	③ 릴리프 밸브		
	④ 시퀀스 밸브		
	⑤ 체크 밸브 내장호스		
	⑥ 압력게이지		

안전유의사항

- 유압 실습 장치의 전원 장치를 점검한다.
- 유압 탱크의 오일의 양 및 상태를 육안으로 점검한다.
- 유압 실습 장치 가동 후 5분 정도 무 부하 운전한다.
- 실습에 사용되는 수공구의 상태를 점검하고 정돈한다.
- 다른 사람이 실습 중에 스위치 등을 조작하지 않는다.
- 실습장 바닥에 오일이 떨어지면 즉시 제거하여 미끄럼 사고를 방지한다.
- 과격한 행동으로 실습 장치를 파손하거나 오작동 하지 않도록 한다.
- 실습 중에 항상 안전이 유지될 수 있도록 주의한다.

관련 자료

- 유압 실습 장치 사용자 매뉴얼
- 작업 표준서
- 관련 유압 부품 카타로그
- KS B ISO 1219 규격집
- 계산기
- 유지 보수 매뉴얼 및 장비 점검 일지

유공압 제어3(유압제어)

실기 내용 어큐뮬레이터 회로(1)_압력유지 회로

1 어큐뮬레이터 회로(1)_압력유지 회로

1. 과제 :

(1) 제시된 유압 회로를 사용하여 KS B ISO 1219-1(유체 동력 시스템 및 부품_그래픽 기호 및 회로도-제2부: 회로도)에 따라 그려보시오.
(2) 클램프 실린더에 필요한 압력이 어큐뮬레이터에 의해 유지되어야 한다.

2. 실습목표 :

(1) 어큐뮬레이터의 기능을 익힌다.
(2) 어큐뮬레이터의 구조 원리를 이해한다.
(3) 어큐뮬레이터에 의해 압력을 유지하는 회로의 구성을 이해한다.

3. 회로도

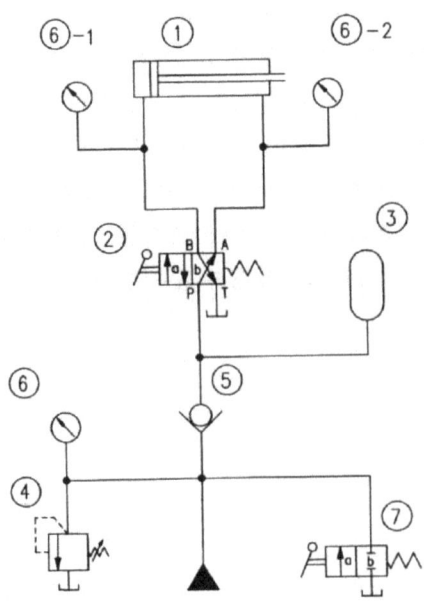

[그림1-3-25] 압력유지 회로

4. 관련 지식

어큐뮬레이터는 유압유의 압력에너지를 축적하는 용기를 말하며 압력유지, 보조 유압원, 충

격 압력의 흡수, 비상 동력원 등의 용도에 이용되어지고 있다.

[그림1-3-25]는 어큐뮬레이터에 의해 압력을 유지해주는 회사로서, 유량은 필요하지 않으나 압력은 유지되어야 하는 회로, 예를 들면 클램프 회로에서 장시간 클램프력이 필요할 때등에 이용되는 회로이다.

회로의 동작 원리는 4포트 2위치 방향제어 밸브 ②를 a위치로 전환시키면 실린더가 전진하고, 어큐뮬레이터 ③은 압력을 충진한다. 여기서 일정시간 이상 클램프가 필요하면, 펌프가 언로드 되거나 정지되는데 이때 4포트 2위치 방향제어 밸브 ②에 리크가 있어도 어큐뮬레이터에 의해 필요한 클램프력이 유지되는 압력이 보상된다.

5. 실습 방법

(1) [그림1-3-25]와 같이 유압 시스템을 구성한다.
(2) 릴리프 밸브 ④이 완전히 열려 있는가를 확인하고 유압 펌프를 기동한다.
(3) 릴리프 밸브 ④의 조정핸들을 시계방향으로 천천히 회전시켜 압력게이지 ⑥의 값이 30MPa 이 되도록 조정한다.
(4) 4포트 2위치 방향제어 밸브②를 a위치로 전환시켜 실린더가 전진 완료되고 어큐뮬레이터에 충진이 완료되면 펌프 언로드용 밸브 ⑦을 ON시킨다.
(5) 펌프가 언로드되면 실린더에 클램프력이 유지되는지 확인하고 실린더를 후진시킨다.
(6) 릴리프 밸브 ④를 완전히 열고 유압 펌프를 정지시킨다.

6. 실습결과 및 연습문제

(1) 사용하는 어큐뮬레이터의 가스 봉입 압력은 얼마인가?
(2) 어큐뮬레이터의 주요 용도를 5가지만 열거하시오

유공압 제어3(유압제어)

장비 및 도구, 소요재료

구 분	명 칭	규격(사양)	1대당 활용인원
장 비	전기유압실험장치	실습용(50pcs이상)	5명
	유압 펌프 유닛		5명
공 구	일반수공구 세트	10pcs 이상	5명
소요재료	① 복동 실린더		
	② 4포트 2위치 방향제어 밸브		
	③ 어큐뮬레이터		
	④ 릴리프 밸브		
	⑤ 체크 밸브 내장호스		
	⑥ 압력게이지		
	⑦ 2포트 2위치 방향제어 밸브		

안전유의사항

- 유압 실습 장치의 전원 장치를 점검한다.
- 유압 탱크의 오일의 양 및 상태를 육안으로 점검한다.
- 유압 실습 장치 가동 후 5분 정도 무 부하 운전한다.
- 실습에 사용되는 수공구의 상태를 점검하고 정돈한다.
- 다른 사람이 실습 중에 스위치 등을 조작하지 않는다.
- 실습장 바닥에 오일이 떨어지면 즉시 제거하여 미끄럼 사고를 방지한다.
- 과격한 행동으로 실습 장치를 파손하거나 오작동 하지 않도록 한다.
- 실습 중에 항상 안전이 유지될 수 있도록 주의한다.

관련 자료

- 유압 실습 장치 사용자 매뉴얼
- 작업 표준서
- 관련 유압 부품 카타로그
- KS B ISO 1219 규격집
- 계산기
- 유지 보수 매뉴얼 및 장비 점검 일지

단원명 1 제로회어 구성하기

실기 내용 어큐뮬레이터 회로(2)_서지압력 흡수 회로

1 어큐뮬레이터 회로(2)_서지압력 흡수 회로

1. 과제 :

(1) 제시된 유압 회로를 사용하여 KS B ISO 1219-1(유체 동력 시스템 및 부품_그래픽 기호 및 회로도-제2부: 회로도)에 따라 그려보시오.
(2) 3위치가 밸브가 중립위치로 전환될 때 발생되는 서지 압력을 어큐뮬레이터로 흡수시키려 고 한다.

2. 실습목표 :

(1) 어큐뮬레이터에 의한 서지압 방지 회로에 대해 알아본다.
(2) 어큐뮬레이터의 종류와 특성을 익힌다.

3. 회로도

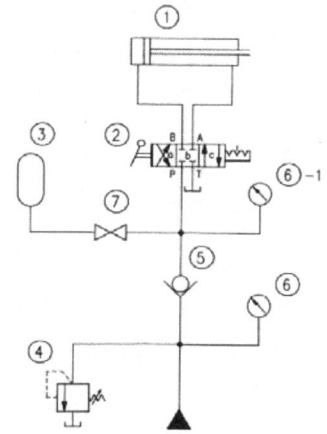

[그림1-3-27] 서지 압력 흡수 회로

4. 관련 지식

3위치 밸브 중 중립 위치가 모두 닫힌 올포트 블록형(센터 클로즈드형)의 밸브는 밸브를 중립위치로 전환시킬 때 순간적으로 압력이 상승되고, 이 압력은 유압 기기의 성능을 저하 시키거나 배관류를 파손시킬 수 있다. 이때 사용되는 회로가 [그림1-3-27]와 같은 서지 압력 흡수 회로로 시스템을 구성할 때는 어큐뮬레이터를 사용하는데, 이때는 가능한 한 밸브 포트 가까이에 어큐뮬레이터를 설치하는 것이 바람직하다.

5. 실습 방법

(1) [그림1-3-27]과 같이 유압 시스템을 구성한다.

유공압 제어3(유압제어)

(2) 릴리프 밸브 ④이 완전히 열려 있는가를 확인하고 유압 펌프를 기동한다.
(3) 릴리프 밸브 ④의 조정핸들을 시계방향으로 천천히 회전시켜 압력게이지 ⑥의 값이 30MPa이 되도록 조정한다.
(4) 차단 밸브 ⑦을 닫은 상태에서 4포트 3위치 방향제어 밸브 ②를 a. b. c위치로 각각 전환시키면서 압력게이지 ⑥, ⑥-1의 상태를 확인한다.
(5) 차단 밸브 ⑦을 열은 상태에서 4포트 3위치 방향제어 밸브 ②를 a. b. c위치로 각각 전환시키면서 압력게이지 ⑥, ⑥-1의 상태를 확인한다.
(6) 릴리프 밸브 ④를 완전히 열고 유압 펌프를 정지시킨다.

6. 실습결과 및 연습문제
(1) 실습 (4)항과 (5)항의 결과를 상호 비교하여 설명하시오.
(2) 어큐뮬레이터의 종류와 특징을 열거하시오.
(3) 어큐뮬레이터에 사용되는 가스의 종류를 쓰고 산소가스를 사용하지 않는 이유를 설명하시오.

단원명 1 제로회어 구성하기

1-4 전기 유압 회로 구성 방법

교육훈련 목 표	• 전기 유압 기호를 사용하여 유압 시퀀스 회로를 구성할 수 있다.

필요 지식	유압 펌프, 유압 밸브, 유압 액추에이터의 기호를 사용하여 회로도를 구성할 수 있는 지식

1 전기 유압 회로 구성 방법

1. 전기의 개요

유압 기술의 목적은 유압 실린더 등의 액추에이터를 작동시키는 기술로서 일반적으로 유압 제어기술을 단독으로 이용하는 것보다는 전기제어와 연결해서 이용하는 경우가 많다.

그러나 기계 기술자들 대부분이 전기에 관련된 분야라면 우선 멀리하고 전기 기술자에 의존하는 경향이 많은데, 자동화 분야에서는 순수 유압 제어방식에 비해 전기제어방식이 훨씬 많이 채용되고 있으므로 반드시 이해해야 한다.

전기 제어방식은 응답이 빠르고, 소형이면서 확실한 동작이 이루어진다는 점이 유압 시스템보다 장점이나 또한 전선으로 멀리 떨어진 위치에서도 원격조작이 간단하다는 차이점이 있다.

그러므로 전기의 스파크에 의한 인화나 폭발의 위험성이 있는 장소를 제외하고는 전자 밸브를 사용한 전기공압 제어방식을 많이 선택하고 있다.

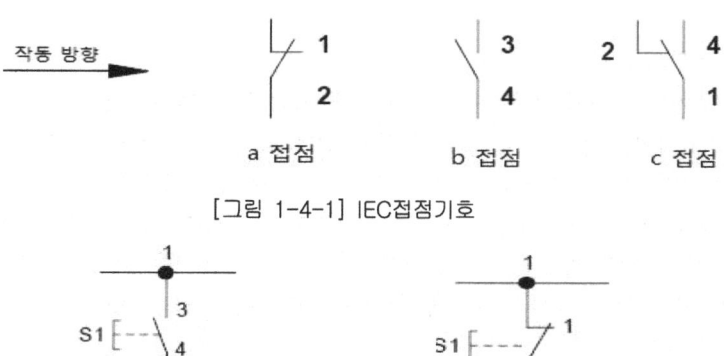

[그림 1-4-1] IEC접점기호

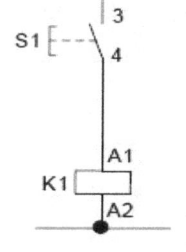 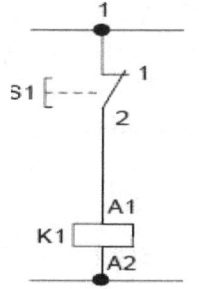

[그림 1-4-2] a접점 스위치   [그림 1-4-3] b접점 스위치

유공압 제어3(유압제어)

전기밸브의 제어는 내장되어 있는 솔레노이드의 ON 또는 OFF에 따라 이루어지는 것으로 그를 위해 전기회로가 필요하다. 동작하는 접점에는 a접점과 b접점 밖에 없다.

따라서 전기제어 실체는 a접점과 b접점을 적절히 사용하는 기술이다.

[그림 1-4-2]에 나타낸 것이 a접점이다. 이 접점은 초기상태에서는 열려 있으며 외부로부터 힘이 가해지면 닫히는 접점으로 NO접점(Normally Open), 메이크 접점 또는 상개접점이라 한다.

[그림 1-4-3]은 b접점으로 이 접점은 그림에 나타낸 것과 같이 초기상태에서 단혀있으며 외부로부터 힘이 가해질 차 열리는 접점으로 NC 접점(Normally Closed), 브레이크 접점 또는 상시 폐접점이라 한다.

2. 제어용 전기기기

전기 회로에 사용되는 각종 전기기기를 분류하면 [표 1-4-1]과 같다. 전기 회로를 작성하려면 이들 기기류가 어떤 기능을 가지고 어떠한 용도로 사용되고 있는지를 이해하여야 한다.

<표 1-4-1> 전기 회로에 사용되는 각종 전기기기

분 류	종 류
조작용스위치	누름버튼스위치, 셀렉터스위치, 나이프스위치, 로터리스위치, 푸트스위치 등
검출스위치	마이크로스위치, 리밋스위치, 근접스위치, 광전스위치, 압력스위치 등
릴레이류	제어용릴레이, 타이머, 전자접촉기, 전자개폐기, 열동계전기 등
작동기기	전동기, 전자클러치, 전자브레이크, 전자밸브, 솔레노이드 등
표시등	표시등, 부저, 벨 등
기타	변압기, 정류기, 저항기, 전자카운터 등

(1) 검출용 스위치

검출용 스위치란 물체의 유무 위치 또는 온도, 압력 등의 변화를 감지해서 동적으로 접점이 개폐하는 스위치이며 인간의 눈이나 귀 등과 같은 감각에 상당하는 작용을 한다. 검출용 스위치의 대표적인 것은 마이크로스위치, 리밋 스위치 등 접촉 동작형의 스위치가 주로 사용하여 왔으나 최근에는 출력회로를 무접점화 한 것이나 무접촉 동작형의 근접 센서, 광전 센서, 자기 센서, 초음파 센서 등이 개발되어 사용빈도가 점점 확대되어가고 있다.

또 접촉에 의한 검출 형식과 무접촉 검출능력을 가지고 있는 형식이 있는데 크게 다음과 같이 나눌 수 있다.

(가) 접촉형 : 마이크로 스위치, 리밋 스위치, 압력 스위치, 리드 스위치
(나) 무접촉형 : 광전스위치, 근접스위치, 초음파 스위치

검출방식에 따른 센서 분류는 표<1-4-2>와 같다.

<표 1-4-2> 검출방식에 따른 센서의 분류

기계 센서	마이크로 스위치, 리밋 스위치, 마이크로 인디케이터, 바이메탈 스위치
광학 센서	광전 스위치, 이미지 센서, 레이저, 엔코더, 광 스케일, 적외선, 초음파, 방사선
전기 센서	근접스위치(고주파, 정전용량, 와전류), 차동 트랜스, 포텐셔미터, 레졸버, 로드셀
자기 센서	리드스위치, 자기검출기
유체 센서	공기 마이크로미터, 공기압검출기

(2) 릴레이(relay)

릴레이는 전자력에 의해 접점을 개폐하는 기능을 가진 장치의 총칭으로 철심에 코일을 감고, 전류를 흘리면 철심은 전자석이 되어 쇠붙이를 끌어당기는 전자력이 생기는데 이 전자력에 의하여 접점을 개폐하는 기능을 가진 제어장치를 총칭하여 전자계전기라 한다. 릴레이의 전자석의 ON과 OFF에 의해 분리된 회로에 전류를 통전시키거나 차단시키는 간단한 조작만으로 증폭기능, 신호전달기능, 다회로 동시 조작기능, 기억기능, 변환기능 등 풍부한 기능을 가지고 있기 때문에 시퀀스 제어용은 물론 통신기기에서 가정용 전기 기기까지 폭넓게 이용되고 있다.

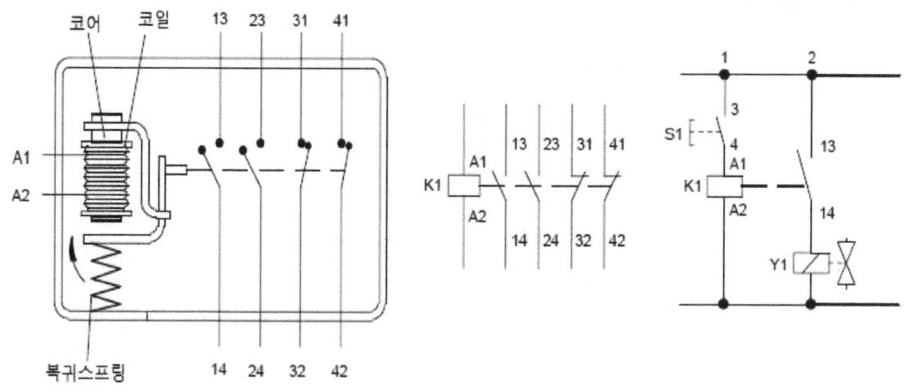

[그림 1-4-4] 릴레이 내부구조와 어플리케이션

(3) 제어기기의 기호

회로도 작성에 많이 쓰이고 있는 ISO방식을 이용하고 경우에 따라서는 전원 수직방식인 Ladder 방식을 병행하기도 한다. <표 1-4-3>은 ISO 방식과 Ladder 방식의 기호를 나타내고 있다.

유공압 제어3(유압제어)

<표 1-4-3> 스위치, 릴레이, 솔레노이드에 사용하는 ISO /Ladder 방식 기호

제어기기	ISO 방식		Ladder 방식	
	a 접점	b 접점	a 접점	b 접점
푸시버튼 스위치	PB1 (3-4)	PB1 (1-2)	PB1	PB2
리미트 스위치	S_3	S_3	$LS_3(a)$ $LS_3(a)$	$LS_4(b)$ $LS_4(b)$
릴레이	K_1 A_1/A_2 13/14 23/24 33/34 41/42 (3a - 1b)		CR_1 (3a - 1b)	
솔레노이드	Y_1		Sol_1	

단원명 1 제로회어 구성하기

단원명 1 교수방법 및 학습활동

교수 방법

■ 강의법 및 문제해결법
1. 선행 학습된 유체의 물리적 성질에 대한 선수 학습 여부를 평가지 혹은 질의응답을 통하여 확인한다.
2. 유압 동력 발생 장치, 유압 밸브, 유압 액추에이터에 대한 기호와 어플리케이션의 예를 사진, 동영상 등(예:PPT)으로 제시하여 설명하고 실물과 비교한다.
3. 유압 기기의 기능과 특성을 시중품 catalog를 사용하여 설명하고 ISO 규격 표시 방법 등과 비교해 본다.
4. 관련 지식 전달 후 제시된 과제를 통하여 실습하게 한다.

학습 활동

■ 사전 지식 평가
1. 10문제 이내의 질문지를 통하여
  (1) 단위와 차원에 대하여 설명하게 한다.
  (2) 압력과 동력을 정의하고 사용되는 단위를 나열해 보게 한다.
  (3) 유압이 발생되는 원리와 어플리케이션을 설명하게 한다.
■ 관련 지식 전달
1. 제어회로 구성하기의 교육 목표를 설정하고 목표 도달 방법을 위한 평가에 대해 설명 한다
2. 사전 지식 평가를 통한 학습 대상자를 3~4명 단위로 grouping한 후 수준별 과제를 부여하고 과제 수행의 목표와 방법을 시범을 보이며 설명한다.
■ 과제 부여 및 문제 해결
1. 주어진 과제를 해결하기 위한 준비(유압 기기의 선정, 과제 해결 방법, 배관 계획, 회로도 구성 등)을 그룹별로 실시한다.
2. 부여된 과제에 대한 시간을 부여하고, 제한 시간을 초과하지 않도록 한다.
3. 그룹별 과제가 끝나면 순환 실습을 실시하고, 난이도가 낮은 경우에 교수자가 응용과제를 부여한다.
4. 제한 시간을 초과하는 그룹에게 과제의 난이도를 조절하여 교육 목표를 달성하게 한다.
5. 과제가 정상적으로 완성된 경우에 그룹별로 과제 해결 중에 애로점이나 문제점의 극복 방법에 대해 질의응답을 통하여 확인하고 개인별, 그룹별 학업 성취도를 기록한다.

유공압 제어3(유압제어)

단원명 1 평가

평가 시점

교수계획에 의해 단위 교육 시간 전에 평가지를 사용하여 사전 평가를 실시한다.
- 교수계획에 의하여 능력단위 요소가 종료되는 시점에서 수행 준거를 기반으로 이론 평가와 실기 평가를 실시한다.
- 평가 시기는 계획된 교수 시간의 1/2 시점과 교육 종료 시점에서 실시하고 교육 종료 시점의 평가는 공증된 국가 기술자격 검정의 이론과 실기 출제 수준으로 평가한다.

평가 준거

평가자는 피 평가자가 수행 준거 및 평가 내용에 제시되어 있는 내용을 성공적으로 수행할 수 있는지를 평가해야 한다. 평가자는 다음 사항을 평가해야 한다.

평가영역	평가항목	성취수준				
		잘모른다	미흡하다	보통이다	알고있다	잘알고있다
제어회로 구성하기	일의크기, 속도, 방향을 제어할 수 있는 유압 기기의 선정과 회로 구성에 대하여 이해할 수 있다.					
	부품의 종류에 따른 배선 방법 및 구성 기기간의 관계를 이해하고 이를 토대로 배선도를 작성할 수 있다.					
	유압 제어기와 주변 시스템과의 인터페이스를 설계할 수 있다.					
	부품의 특성에 따른 설치 방법을 파악하고 요구되는 조건 및 성능을 충족하여 작동할 수 있도록 설치할 수 있다.					
	기계적 도면에 근거하여 액추에이터의 기구적 설치를 할 수 있다.					
	배선도를 근거하여 액추에이터와 관련된 부분의 기본적 전기 배선 및 배관을 할 수있다.					

단원명 1 제로회어 구성하기

평가 방법

평가영역	평가항목	평가방법
제어회로 구성하기	유압 장치의 구성	문제해결 시나리오 작업장평가
	유압 장치 제어	
	유압 회로 구성 방법	
	전기유압회로 구성 방법	

평가 문제

1. 유압 시스템에서 강제식 펌프와 비강제식 펌프의 특징을 설명하시오.
2. 체적형 펌프의 형식 중에 고정형, 가변형에 대하여 설명하시오.
3. 건설용 중장비에 사용되는 외접 기어 펌프의 작동원리를 설명하시오.
4. 기어 펌프에서 일어나는 폐입 현상에 대하여 설명하시오.
5. 300 톤 유압 프레스에 사용되는 유압 제어 밸브를 기능에 따라 분류하시오.
6. 압력 제어 밸브의 종류 3가지를 써보시오.
7. 4/2-way 방향제어 밸브의 호칭에서 "4/2" 가 나타내는 의미를 기술하시오.
8. 유압 액추에이터의 속도를 제어하려 할 때 사용되는 밸브는?
9. 유압 실린더의 크기를 나타내는 방법을 기술하시오.
10. 유압 모터의 장점 2가지를 기술하시오.
11. 기어 펌프의 폐입 현상의 방지책으로 적당한 것은?
    (1) 전위 기어로 설계하면 안 된다.
    (2) 기어의 이 수를 최대한 많게 한다.
    (3) 탈출 홈을 파 놓는다.
    (4) 비 급유형 릴리프 밸브를 사용한다.
    (5) 실린더를 여러 개 사용한다.
12. 유압 펌프의 종류가 아닌 것을 2개 고르시오.
    (1) 공동 펌프   (2) 베인 펌프   (3) 진동 펌프   (4) 기어 펌프   (5) 피스톤 펌프
13. 다음 중 방향제어 밸브에 해당되는 밸브는?
    (1) 체크 밸브   (2) 시퀀스 밸브   (3) 스로틀 밸브   (4) 밸런스 밸브   (5) 감압 밸브
14. 서지 압력을 설명한 것은?
    (1) 회로 내에서 펌프의 기본 토출 압력
    (2) 회로 내에서의 무 부하 압력
    (3) 회로 내에서 작동유의 사용 압력

유공압 제어3(유압제어)

(4) 회로 내에서 과도적으로 상승한 압력
(5) 회로 내에서 탱크로 귀환하는 압력

15. 압력 오버라이드의 설명이 적당한 것은?
    (1) 전 유량 압력과 토출 압력의 차
    (2) 크래킹 압력과 토출 압력의 차
    (3) 전유량 압력과 크래킹 압력의 차
    (4) 크래킹 압력과 서지 압력의 차
    (5) 서지 압력과 토출 압력의 차

16. 무부하 밸브의 설명이 적당한 것은?
    (1) 회로내의 압력이 일정 압력에 도달하면 유압유를 펌프에서 탱크로 귀환시키는 밸브이다.
    (2) 회로 내에서 펌프의 과부하 방지를 위하여 두 개 이상의 분기회로에 압력을 결정해 주는 밸브이다.
    (3) 회로를 구성하는 과정에서 탱크의 용량이 작을 경우 다단계 속도를 제어하기 위한 밸브이다.
    (4) 회로 전체의 안전을 위하여 펌프를 통과하는 오일의 배관 끝부분에 설치하는 밸브이다.
    (5) 회로를 구성하는 과정에서 실린더의 크기가 작을 경우 전진 속도를 제어하기 위한 밸브이다.

17. 카운터밸런스 밸브의 설명으로 적당한 것은?
    (1) 실린더를 통과하는 오일의 귀환 관로에 설치하여 안전을 도모하는 역할을 한다.
    (2) 램 등이 자유 낙하하는 것을 방지하기 위하여 배압을 형성시키는 역할을 한다.
    (3) 두 개 이상의 유압 모터가 일정 압력 이상이 되면 압력을 작게 하는 역할을 한다.
    (4) 두 개 이상의 유압 액추에이터의 운동순서를 결정하는 역할을 한다.
    (5) 단계 별 시간 선도를 그릴 수 있는 기능과 속도를 제어하는 역할을 한다.

18. 어큐뮬레이터의 용도로 적합한 것은?
    (1) 압력을 증가시켜 모터의 회전수를 빠르게 한다.
    (2) 에너지의 보조 동력원으로 사용한다.
    (3) 회로 내에서 오일의 불순물을 제거한다.
    (4) 펌프의 흡입 측에 부착하여 속도를 제어한다.
    (5) 탱크 내에 위치하여 적정 유량을 유지한다.

19. 유압 필터 선정 시 고려 사항이 아닌 것을 2개 고르시오.
    (1) 필터의 속도   (2) 여과 입도   (3) 필터의 내압
    (4) 여과재의 종류   (5) 오버라이드

20. 다음의 회로에 번호로 표시된 유압 부품의 명칭을 쓰고 그 용도를 간단히 기술하시오.

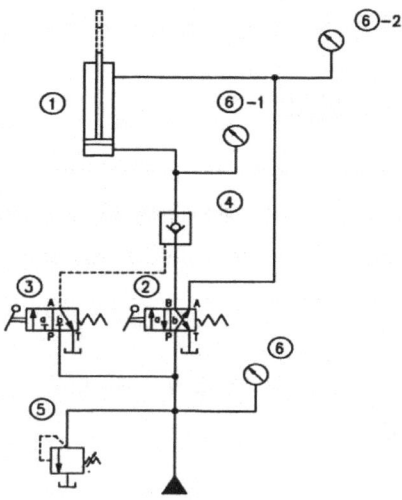

피드백

1. 문제해결 시나리오

   · 부여된 과제의 수행 과정을 실험실습 보고서에 기록하게 하고 실습 과정을 확인한다.
   · 부여된 과제의 수행에 필요한 유압기기 선정의 정확성 여부를 확인한다.
   · 부여된 과제의 수행에 필요한 회로도 작성에서 기호 선택과 도면의 정확성 여부를 확인한다.
   · 부여된 과제의 수행을 통하여 습득된 지식에 대한 명확히 인지도 여부를 확인한다.

2. 작업장 평가

   · 과제 평가 전에 안전사고의 위험 요소가 없는지 최우선으로 확인한다.
   · 수공구의 사용법을 명확한 인지 여부를 확인과 정돈 상태를 확인한다.
   · 부여된 과제에서 요구하는 유압 기기의 선정에 대한 정확도 여부를 평가한다.
   · 작성된 회로도와 설치된 과제의 일치 여부를 확인한다.
   · 시험 운전하여 부여된 과제의 목표대로 작동되는지 확인한다.
   · 과제의 전체적 배열이 결함추적에 용이하도록 설치되었는지 확인한다.

유공압 제어3(유압제어)

단원명 2   시험운전하기 0503010206_14v3

2-1   전기시퀀스 기초회로

교육훈련 목표	• 유공압 부품의 종류에 따른 배선 방법 및 구성 기기간의 관계를 이해하고 논리회로의 구성방법을 습득하여 이를 토대로 배선도를 작성할 수 있다.

필요 지식	• 유압 펌프, 유압 밸브, 유압 액추에이터의 기호를 사용하여 회로도를 구성할 수 있는 지식

1 시퀀스도의 표시 방법

 시퀀스 제어계를 도면화 시키는 방법에는 실체 배선도와 선도가 있다. 실체 배선도란 [그림 2-1-1]에 나타낸 바와 같이 기기의 접속, 배치를 중심으로 나타낸 그림으로 실제로 회로를 배선하는 경우에는 편리하나, 회로가 복잡해지면 표현이 어려울 뿐만 아니라 회로의 판독에도 어려움이 있다. 그러므로 시퀀스의 표현에는 주로 선도가 이용되며, 이 선도에는 구조도와 기능도, 특성도가 있다.

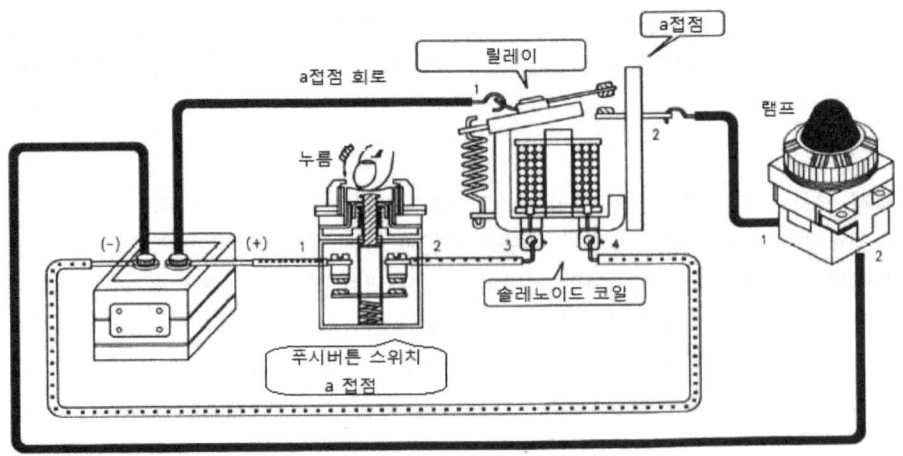

[그림 2-1-1] 실체 배선도의 일례

 또한 구조도에는 전개 접속도, 배선도, 제어대상 구성도 등이 있으며, 기능도에는 논리도, 블록도가 있다. 그리고 타임 차트나 플로 차트를 특성도라 하며, 우리가 일반적으로 시퀀스도라 하는 것은 대부분 전개 접속도를 말한다.

제어대상 구성도의 기계제어 장치에는 유공압 회로도, 전력제어 장치에는 전기 접속도, 플랜트 제어에는 계장도 등이 이용된다.
전기기기의 기호나 부호를 사용하면 더욱 간편하게 회로도를 나타낼 수 있고, 몇 가지 약속을 지켜 작성하면 언제 어디서나 누구나 쉽게 이해할 수 있다.

(1) AND 회로

여러 개의 입력이 있을 때 모든 입력이 존재할 때에만 출력이 나타나는 회로를 AND 회로라고 하며 직렬 스위치 회로와 같다. [그림 2-1-2]는 두 개의 입력 S3와 S4가 모두 ON일 때에만 릴레이 코일 K1이 여자되고 K1 접점이 닫혀 램프 H가 점등되는 AND회로이다.

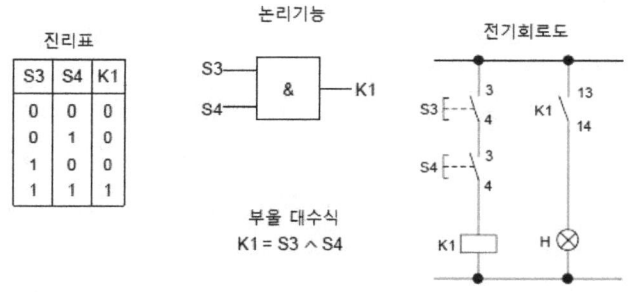

[그림 2-1-2] AND 회로

이와 같은 직렬회로는 한 대의 프레스에 여러 명의 작업자가 함께 작업할 때, 안전을 위해 각 작업자마다 프레스 기동용 누름버튼을 설치하여 모든 작업자가 스위치를 누를 때에만 동작되도록 하는 경우에 적용된다. 또 기계의 각 부분이 소정의 위치까지 진행되지 않으면 다음 동작으로 이행을 금지하는 경우 등 응용 범위가 넓은 회로이다.

(2) OR 회로

OR회로는 여러 개의 입력신호 중 하나 또는 그 이상의 신호가 ON 되었을 때 출력을 내는 회로로서 병렬회로라고 한다.
[그림 2-1-3]에서 누름버튼 스위치 S1이 눌려지거나, 아니면 S2가 눌려져도, 또는 S1과 S2가 동시에 눌려져도 릴레이 K1이 동작되어 램프가 점등된다.

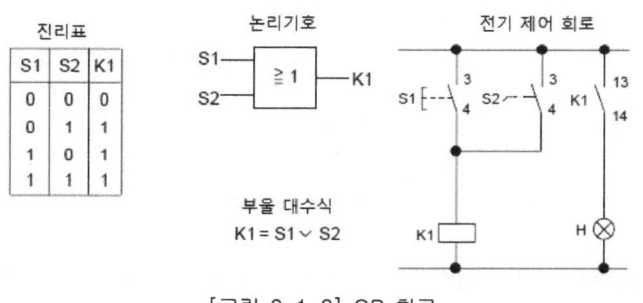

[그림 2-1-3] OR 회로

유공압 제어3(유압제어)

(3) NOT 회로

NOT 회로는 출력이 입력의 반대가 되는 회로로서 입력이 0이면 출력이 1이고 입력이 1이면 출력이 0이 되는 부정회로이다.

[그림2-1-4]는 릴레이의 b접점을 이용한 NOT 회로로서 누름버튼 스위치 S1DL 눌려 있지 않은 상태에서는 램프가 점등되어 있고, 누름버튼 스위치 S1이 눌려지면 K1접점이 열려 램프가 소등하는 NOT회로이다.

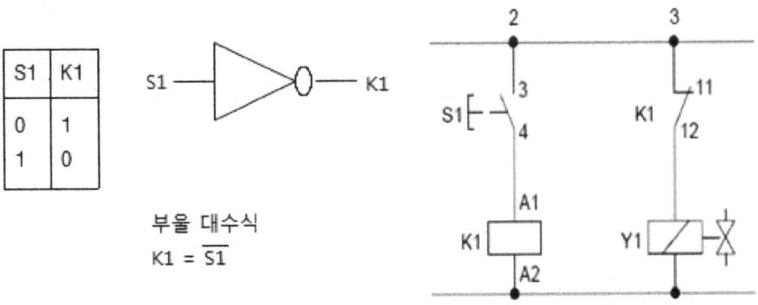

[그림 2-1-4] NOT 회로

(4) 자기 유지 회로

릴레이의 기능 중에는 메모리 기능이 있다고 앞서 설명하였다. 이 릴레이의 메모리 기능이란 릴레이는 자신의 접점으로 자기유지 회로를 구성하여 동작을 기억시킬 수 있다는 것이다. [그림 2-1-5]는 릴레이의 자기유지 회로이며, 자기유지 접점 K1은 누름버튼 스위치 S1에 병렬로 접속한다.

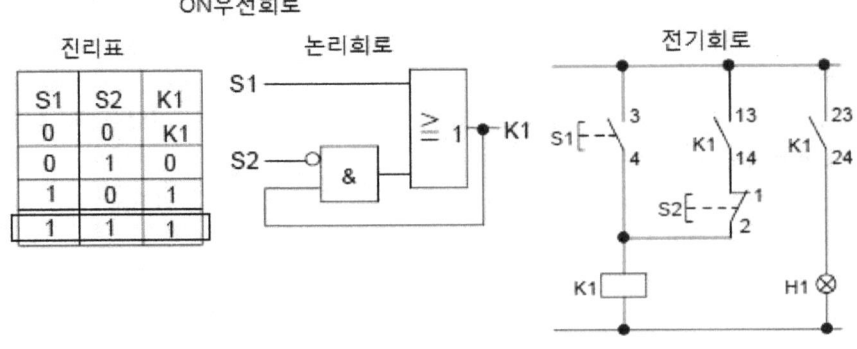

[그림 2-1-5] 자기 유지 회로

동작원리는 누름버튼 스위치 S1을 누르면 릴레이 K1이 동작되고, 접점 K1이 동시에 단혀 램프가 점등한다. 이때 누름버튼 스위치 S1에서 손을 떼도 전류는 K1 S2를 통해 코일에 계속

호르므로 동작 유지가 가능하다. 즉 S1이 복귀하여도 K1 접점에 의해 K1의 동작회로가 유지된다. 자기 유지의 해제는 누름버튼 스위치 S2를 누르면 K1이 복귀되고 접점 K1이 열려 회로는 초기 상태로 되돌아간다.

(5) 인터록(inter-lock) 회로

 기기의 보호나 작업자의 안전을 위해 기기의 동작 상태를 나타내는 접점을 사용하여 관련된 기기의 동작을 금지하는 회로를 인터록 회로라 하며, 다른 말로 선행 동작 우선 회로 또는 상대 동작 금지 회로라고도 한다.

 인터록은 릴레이의 b접점을 상대측 회로에 직렬로 연결하여 어느 한 릴레이가 동작 중 일 때에는 관련된 다른 릴레이는 동작할 수 없도록 규제한다.

 [그림2-1-6]은 푸시버튼 스위치 S1이 ON되어 K1릴레이가 동작하면 S2가 눌려져도 K2릴레이는 동작할 수 없다. 또는 S2가 먼저 입력되어 K2가 동작하면 K1릴레이는 역시 동작 할 수 없다

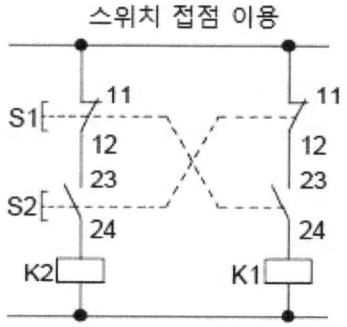
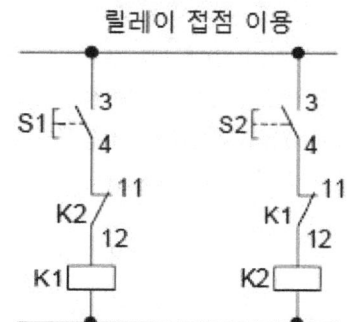

[그림 2-1-6] 인터록 회로

유공압 제어3(유압제어)

2-2 솔레노이드 밸브를 이용한 전기 유압 회로

교육훈련 목 표
- 기본 논리 회로를 이용하여 전기 회로를 구성하여 제어 목표를 만족하는 유압 시스템을 시험 운전 할 수 있다.

필요 지식
유압 기초지식, 유압 모터의 기초지식과 유압 제어 및 센서 활용 기술, 유압 밸브 및 액추에이터 구동 기술, 유압회로 분석 기술

1 솔레노이드 밸브

1. 솔레노이드 밸브 특성과 원리

솔레노이드 밸브는 [그림2-2-1]과 같이 방향변환 밸브와 전자석을 일체화시켜 전자석에 전류를 통전 시키거나 또는 단전시키는 동작에 의해 유압유 흐름을 변환 시키는 밸브의 총칭으로, 일반적으로 전자(電磁)밸브라 부르기도 한다.

솔레노이드 밸브는 크게 나누어 전자석 부분과 밸브 부분으로 구성되어 있으며 전자석의 힘으로 밸브가 직접 변환되는 직동식과 파일럿 밸브가 내장된 간접식(파일럿 작동형)이 있다. <표2-2-1>은 솔레노이드 밸브의 분류이다.

<표 2-2-1> 전자석의 종류에 따른 분류

구 분	종 류	특 징
조작 방식	직동형	응답성이 좋다. 소비전력이 크다.
	파일럿형	소비전력이 작다. 응답성이 느리다. 동작이 조용하다.
전자석의 종류	T플런저형	형상이 크고 소비전력이 크다. 흡인력이 커서 행정길이를 크게 할 수 있다. 스풀형의 직동식에 많이 사용.
	I플런저형	크기가 소형이다. 파일럿 작동형에 주로 채용
전원의 종류	DC 전원형	작동이 원활하다. 스위칭이 용이하다. 사용수명이 길다. 소음이 적다.
	AC 전원형	스위칭 시간이 빠르다. 흡인력이 세다. 잡음이 생긴다.

단원명 2 시험운전하기

[그림2-2-1] 솔레노이드 밸브

2 전자밸브에 의한 유압 제어

1. 단동 실린더의 제어

단동 실린더를 제어하기 위해서는 3포트 방향변환 밸브 1개나 2포트 방향변환 밸브 2개가 필요하며, [그림 2-2-2]는 3포트 2위치 솔레노이드 밸브로 유압 단동 실린더를 제어하는 유압 구성도이다. 한 개의 유압 실린더를 왕복 작동시키는 전기 회로는 그 내용과 목적에 따라 여러 가지 종류가 있으므로 유압 실린더를 제어하는 전기 회로도를 작성할 때는 반드시 먼저 유압 회로도를 표시해 주어야 한다.

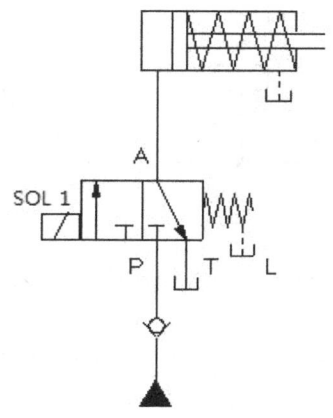 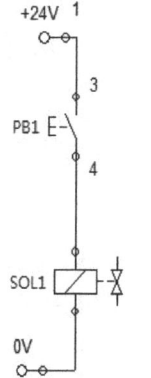 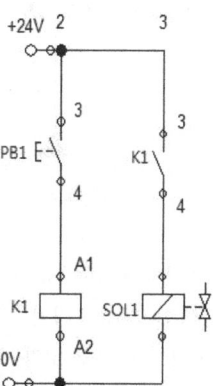

[그림 2-2-2] 유압 회로도　　　　　[그림 2-2-3] 전기 회로도

139

[그림2-2-3]는 유압 회로를 제어하는 전기회로로, 왼편의 회로는 누름버튼 스위치에 의해 직접 솔레노이드밸브의 솔레노이드에 통전시켜 실린더를 제어하는 직접제어회로이고, 오른쪽 그림은 직접 제어하기 곤란한 경우에 사용되는 간접 제어 회로이다.

즉 누름버튼 스위치를 눌러 릴레이를 여자 시키고, 그 릴레이의 a 접점으로 솔레노이드를 여자 시켜 실린더를 제어하는 회로이다.

2. 복동 실린더의 왕복 작동 회로

복동 실린더의 방향을 제어하기 위해서는 4포트 밸브나 또는 5포트 밸브 1개가 필요하며, 경우에 따라서는 3포트 밸브 2개로 제어하기도 하나 대부분은 [그림 2-2-4]와 같이 4포트 밸브로 제어하는 경우가 많다.

[그림 2-2-5]의 왼쪽은 직접 제어 회로도로 누름버튼 스위치 PB1을 눌러 솔레노이드를 여자 시킴에 따라 실린더를 왕복 작동 시키는 회로이다. 그러나 이 회로는 실린더가 동작할 때까지 누름버튼 스위치를 계속 누르고 있어야 하는 불편이 있으므로 [그림 2-2-5]의 오른쪽 그림과 같이 자기 유지 회로를 구성하면 쉽게 해결할 수 있다. 즉 간접제어 형식으로 누름버튼 스위치 PB1을 누르면 릴레이가 여자 되고 자기 유지되며, 릴레이의 a접점에 의해 솔레노이드를 동작시켜 실린더를 전진시킨다.

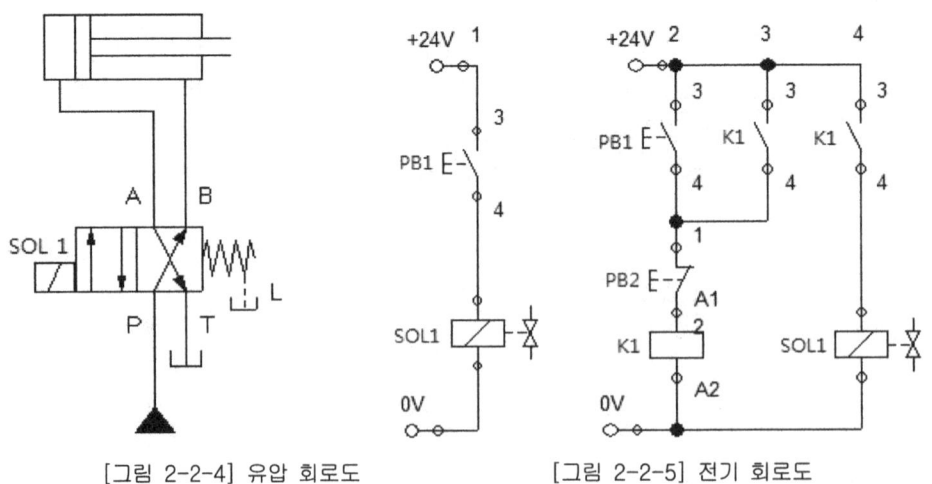

[그림 2-2-4] 유압 회로도   [그림 2-2-5] 전기 회로도

이때 누름버튼에서 손을 떼도 실린더는 자기유지 회로에 의해 전진을 계속하고, PB2를 ON 시켜야만 자기유지가 해지되어 실린더가 복귀한다.

한편 [그림 2-2-5]의 회로도는 실린더의 후진 신호를 작업자가 판단하여 누름버튼 스위치를 누름으로써 이루어지나, 실린더가 전진 끝단에 도달되면 자동적으로 복귀되어야 하는 경우에는 [그림 2-2-6]와 같이 실린더 전진행정 끝단에 리밋 스위치를 설치하여 그 신호로서 자기유지를 해지하면 가능하므로 회로는 [그림 2-2-7]과 같이 된다.

단원명 2 시험운전하기

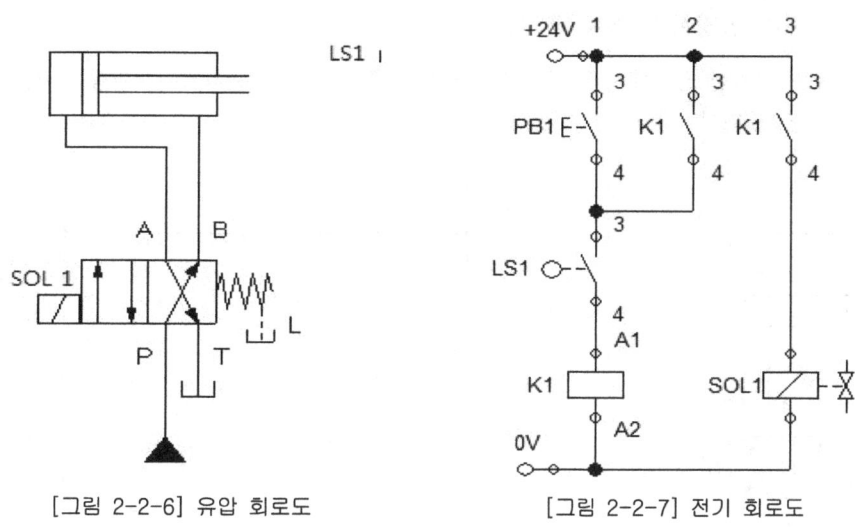

[그림 2-2-6] 유압 회로도   [그림 2-2-7] 전기 회로도

지금까지는 전자 밸브가 편측(single)인 경우의 회로에 대해 설명하였으나, 양측인 경우는 그 성격이 달라진다. 즉 편측 전자 밸브인 경우는 솔레노이드에 통전하면 실린더가 전진하고, 솔레노이드에 통전했던 전류를 단전하면 복귀하나, 양 솔레노이드 작동 밸브의 경우는 실린더 전진 측 솔레노이드를 ON시키면 실린더가 전진하고 전진 도중에 솔레노이드의 전류를 차단하여도 그 상태유지가 가능하다. 실린더를 복귀시키기 위해서는 전진 측 솔레노이드를 OFF 시킨 다음에 복귀 측 솔레노이드를 ON시켜야만 가능하므로 이것을 회로도로 표현하면 [그림 2-2-8]의 유압회로도와 [그림2-2-9]의 전기회로로 나타낼 수 있다.

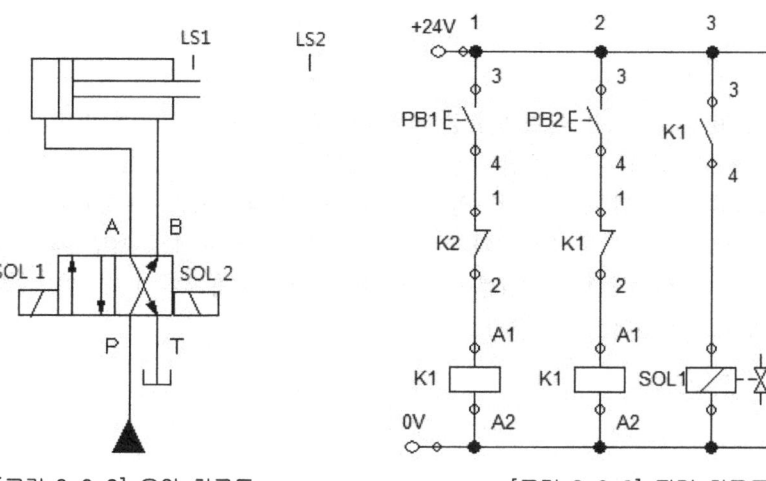

[그림 2-2-8] 유압 회로도   [그림 2-2-9] 전기 회로도

141

유공압 제어3(유압제어)

3. 전진 단에서 일정시간 정지 후 복귀 회로

피스톤 로드를 전진 끝단에서 일정시간 정지시킨 후, 복귀시키는 회로는 자동화 장치나 기계에서 종종 볼 수 있다.

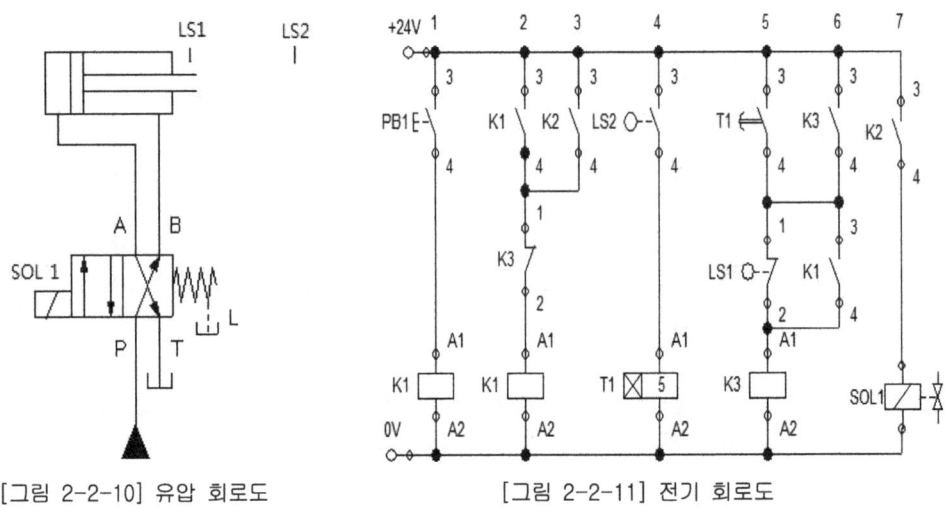

[그림 2-2-10] 유압 회로도　　　　　　[그림 2-2-11] 전기 회로도

이와 같은 경우는 타이머를 사용하여 타이머의 접점을 활용한다.

[그림 2-2-11]은 푸시버튼 스위치 PB1을 누르면 실린더가 전진하고, 전진 끝단에서 리미트 스위치 LS2를 눌러 타이머를 동작시키며, 이 타이머에 설정된 시간 경과 후에 타이머 접점을 ON시켜 그 신호로써 릴레이 K3을 ON 시켜 실린더가 후진하는 회로이다.

4. 연속 왕복 작동 회로

[그림 2-2-12]는 한쪽 작동 솔레노이드 밸브를 사용하여 복동 실린더를 왕복 운동시키는 유압회로이다. [그림 2-2-13]에서 시동신호인 누름버튼 스위치 PB1을 누르면 K1이 여자되고 2열의 K1접점에 의해 자기유지 된다. 동시에 3열의 K1접점이 ON되어 K2가 여자되고 자기유지 된다. 따라서 7열의 sol1이 ON되어 실린더가 전진한다. 전진 끝단에서 LS2에 접촉되면 5열의 K3가 여자되고 자기유지 되며 3열의 K3접점을 OFF되어 K2의 자기유지가 해지된다. 그러므로 7열의 K2 접점도 떨어져 실린더는 후진한다.

단원명 2 시험운전하기

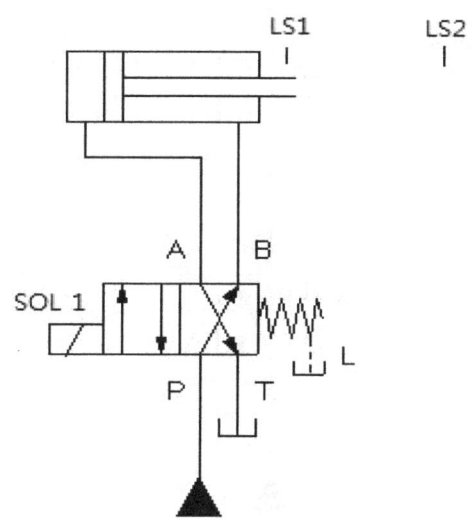

[그림 2-2-12] 유압 회로도

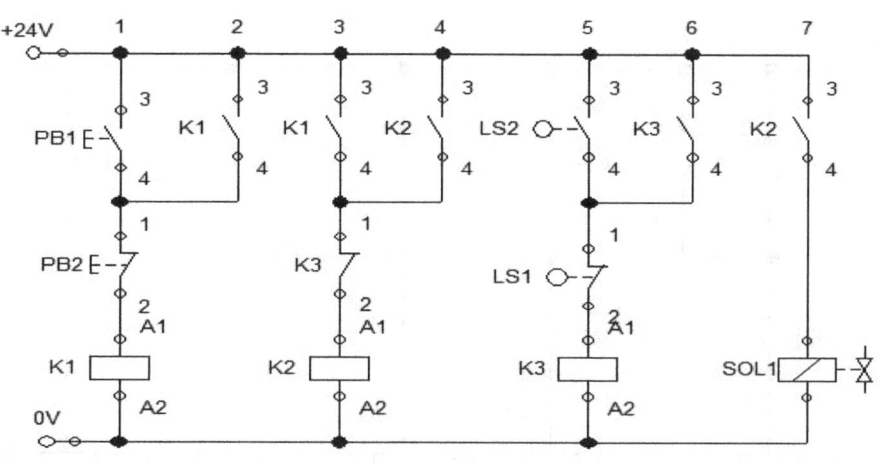

[그림 2-2-13] 전기 회로도

실린더가 후진 끝까지 도달되어 LS1 리미트 스위치를 ON시키면 K3의 자기유지가 해지되고 그로 인해 3열의 K3접점은 다시 b접점으로 원위치 되므로 K2의 코일이 자기유지 되고 7열의 K2접점도 ON되어 실린더는 다시 전진한다.

이와 같이 실린더는 계속적으로 전진과 후진을 반복하며, 이것을 정지시키려면 1열의 정지 버튼 PB2를 ON시켜 K1의 자기유지를 해지 한다.

[그림 2-2-14]는 양쪽 작동 솔레노이드 밸브를 사용한 연속 왕복 작동시키는 유압 회로이다.
[그림 2-2-15]는 양쪽 작동 솔레노이드 밸브로 실린더를 자동왕복 시키는 전기 회로도이다.

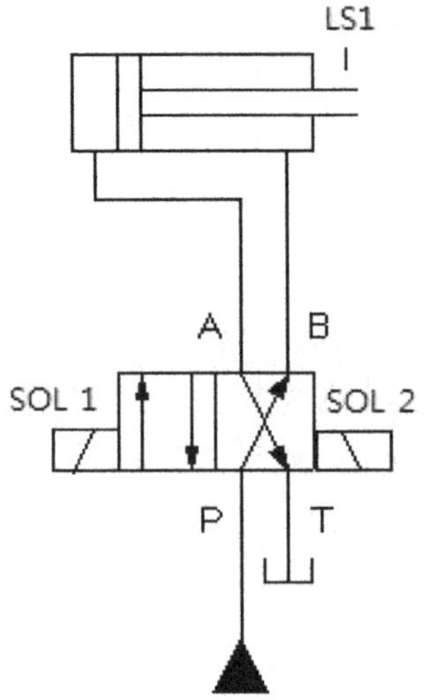

유공압 제어3(유압제어)

[그림 2-2-14] 유압 회로도

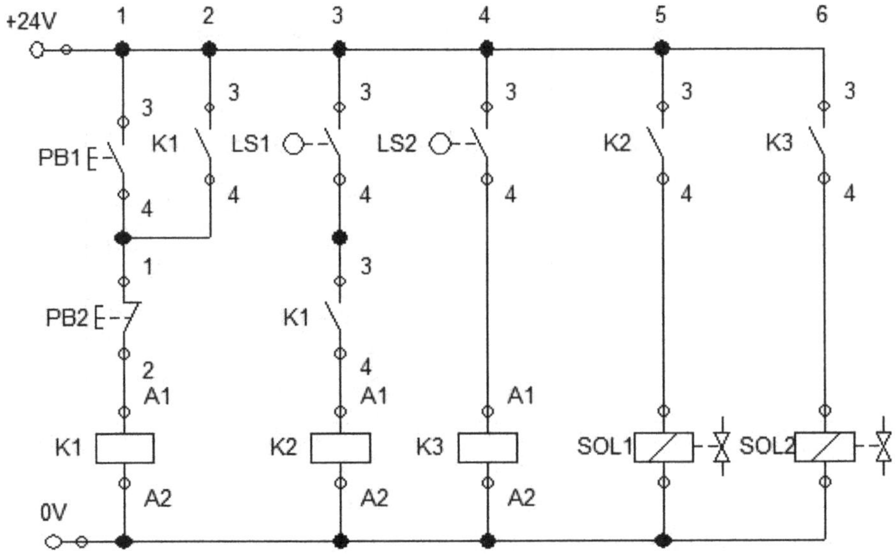

[그림 2-2-15] 전기 회로도

단원명 2 시험운전하기

| 실기 내용 | 단동 실린더 제어 실습 |

① 단동 실린더 제어 실습

1. 과제 :

(1) 제시된 유압 회로를 사용하여 KS B ISO 1219-1(유체 동력 시스템 및 부품_그래픽 기호 및 회로도-제2부: 회로도)에 따라 그려보시오.
(2) 단동 실린더를 누름버튼 스위치에 의해 전·후진시키려고 한다.

2. 실습목표 :

(1) 단동 실린더제어를 위한 유압 회로를 구성할 수 있고 제어 원리를 설명할 수 있다.
(2) 논리 회로 중 긍정 논리회로를 구성할 수 있다.

3. 회로도

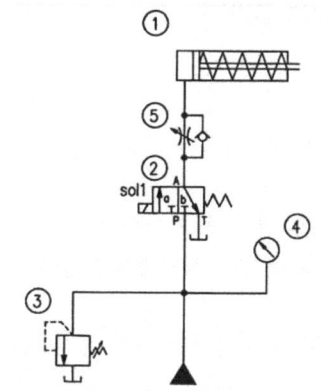

[그림2-1-222-2-16] 유압 회로도

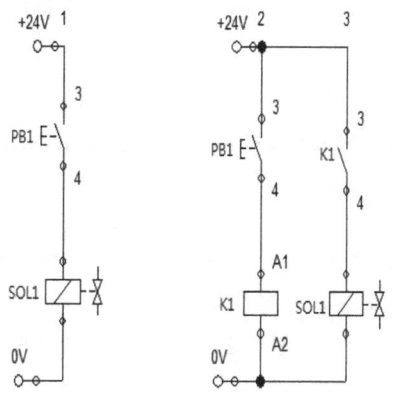

[그림 2-1-232-2-17] 전기 회로도

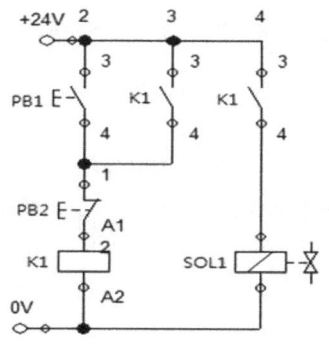

[그림2-1-242-2-18] 수동 왕복작동 회로

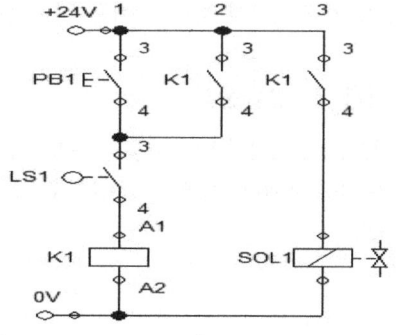

[그림2-1-252-2-19] 자동 왕복작동 회로

유공압 제어3(유압제어)

4. 관련 지식

[그림2-1-222-2-16]는은 3포트 2위치 전자 밸브로 유압 단동 실린더를 제어하는 유압 구성도이다. 이와 같이 단동 실린더의 방향을 제어하기 위해서는 3포트 밸브가 필요하고, 이것을 전기로 제어하려면 전기-유압 신호 변환 요소인 전자 밸브가 필요하다.

[그림2-1-232-2-17]은 푸시버튼 스위치에 의해 솔레노이드를 직접 작동시켜 유압 시스템을 제어하는 직접제어 회로와 간접 제어의 일례로서 푸시버튼 스위치로 릴레이를 구동하고, 그 릴레이의 접점을 이용하여 솔레노이드를 작동시켜 유압실린더를 제어하는 전기 회로이다. 이 회로에서는 실린더의 작동 속도가 느려 동작시간이 길어진다든지 또는 전진하여 정지한 후 복귀한다면, 작업자가 푸시버튼 스위치를 계속해서 누르고 있어야만 한다.

이러한 경우에는 [그림2-1-242-2-18]와과 같이 자기 유지 회로를 구성하면 좋다. 푸시버튼 스위치 PB1을 누르면 릴레이 K1이 여자 되어 자기유지 되고, 동시에 SOL1에 통전하여 3포트 2위치 밸브를 a위치로 전환시키므로 실린더가 전진한다. 이 회로에서 실린더를 복귀시키기 위해서는 누름버튼 스위치 PB2를 눌러 자기유지를 해지 하면 된다.

[그림2-1-252-2-19]는 단동 실린더가 전진 완료되면 전진 끝단에 설치되어 있는 리밋 스위치의 신호에 의해 스스로 복귀하는 자동 1왕복 회로를 나타낸 것이다.

5. 실습 방법

(1) [그림2-1-222-2-16]와과 같이 유압 시스템을 구성한다.
(2) [그림2-232-2-17]과 같이 전기회로를 구성한다.
(3) 릴리프 밸브 ③이 완전히 열려 있는가를 확인하고 유압 펌프를 기동한다.
(4) 릴리프 밸브 ③의 조정핸들을 시계방향으로 천천히 회전시켜 압력게이지 ④의 값이 30MPa이 되도록 조정한다.
(5) 전기회로에 전원을 투입하고, 누름버튼 스위치 PB1을 ON시켜 실린더의 동작 상태를 확인한다.
(6) 릴리프 밸브 ③을 완전히 열고 유압 펌프를 정지시킨다.
(7) 전기회로를 분해하고, 다시 [그림2-1-242-2-18]와과 같이 전기회로를 구성한다.
(8) (3)항에서 (6)항까지 실습 순서를 반복한다. [그림2-1-252-2-19]도 동일하게 실습한다.

6. 실습결과 및 연습문제

(1) [그림2-1-222-2-16]에서 사용된 속도 제어 방법과 용도에 대하여 설명하시오.
(2) 자기유지회로에서 "ON" 우선회로와 "OFF" 우선 회로를 작성하고 그 차이점을 설명하시오.

장비 및 도구, 소요재료

구 분	명 칭	규격(사양)	1대당 활용인원
장 비	전기유압실험장치	실습용(50pcs이상)	5명
	유압 펌프 유닛		5명
공 구	일반수공구 세트	10pcs 이상	5명
소요재료	① 단동 실린더		1명
	② 3포트 2위치 전자 밸브		
	③ 릴리프 밸브		
	④ 압력게이지		
	⑤ 일방향 유량제어 밸브		
	⑥ 신호 입력 스위치 유닛		
	⑦ 릴레이 유닛		
	⑧ 리밋 스위치		

안전유의사항

- 유압 실습 장치의 전원 장치를 점검한다.
- 유압 탱크의 오일의 양 및 상태를 육안으로 점검한다.
- 유압 실습 장치 가동 후 5분 정도 무 부하 운전한다.
- 실습에 사용되는 수공구의 상태를 점검하고 정돈한다.
- 다른 사람이 실습 중에 스위치 등을 조작하지 않는다.
- 실습장 바닥에 오일이 떨어지면 즉시 제거하여 미끄럼 사고를 방지한다.
- 과격한 행동으로 실습 장치를 파손하거나 오작동 하지 않도록 한다.
- 실습 중에 항상 안전이 유지될 수 있도록 주의한다.

관련 자료

- 유압 실습 장치 사용자 매뉴얼
- 작업 표준서
- 관련 유압 부품 카타로그
- KS B ISO 1219 규격집
- 계산기
- 유지 보수 매뉴얼 및 장비 점검 일지

유공압 제어3(유압제어)

| 실기 내용 | 복동 실린더의 수동 왕복작동 회로 실습 |

① 복동 실린더의 수동 왕복작동 회로 실습

1. 과제 :

(1) 제시된 유압 회로를 사용하여 KS B ISO 1219-1(유체 동력 시스템 및 부품_그래픽 기호 및 회로도-제2부: 회로도)에 따라 그려보시오.
(2) 복동 실린더를 전진 및 후진용 스위치에 의해 각각 동작시키려고 한다.

2. 실습목표 :

(1) 복동 실린더제어를 위한 유압 회로를 구성할 수 있고 제어 원리를 설명할 수 있다.
(2) 한쪽 작동 솔레노이드 작동원리를 설명할 수 있고 자기유지회로를 구성할 수 있다.

3. 회로도

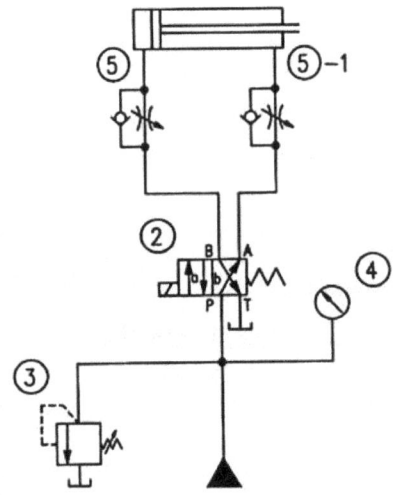
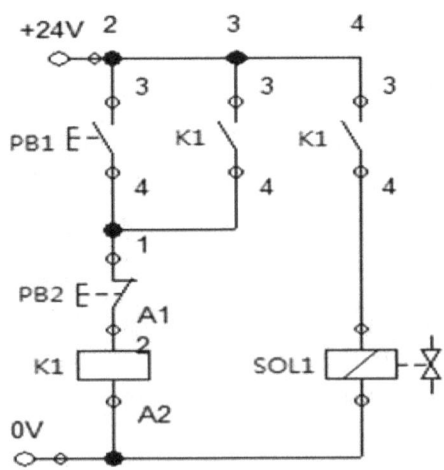

[그림2-1-262-2-20] 유압 회로도   [그림2-1-272-2-21] 수동 왕복작동 회로

4. 관련 지식

[그림2-1-272-2-21]은 [그림 2-1-262-2-20]의 유압 회로를 제어하는 전기 회로도이다. 회로의 내용은 복동 실린더를 제어하는 솔레노이드 밸브가 4포트의 한쪽(Single) 작동 솔레노이드 밸브이기 때문에 자기 유지 회로를 구성하여 PB1 스위치를 눌렀다 떼도 실린더가 계속 전진하도록 되어 있다. 그리고 실린더를 후진시키기 위해서는 솔레노이드에 통전하고 있는 K1접점을 OFF시켜야 되므로 자기 유지 해지용의 PB2 스위치를 누르면 된다.

단원명 2 시험운전하기

5. 실습 방법

(1) [그림2-1-262-2-20]과 같이 유압 시스템을 구성한다.
(2) [그림2-1-272-2-21]과 같이 전기회로를 구성한다.
(3) 릴리프 밸브 ③이 완전히 열려 있는가를 확인하고 유압 펌프를 기동한다.
(4) 릴리프 밸브 ③의 조정핸들을 시계방향으로 천천히 회전시켜 압력게이지 ④의 값이 30MPa이 되도록 조정한다.
(5) 전기회로에 전원을 투입하고, 누름버튼 스위치 PB1을 ON시켜 실린더의 동작 상태를 확인한다.
(6) 누름버튼 스위치 PB2를 눌러 실린더가 후진되는지 확인한다.
(7) 릴리프 밸브 ③을 완전히 열고 유압 펌프를 정지시킨다.

6. 실습결과 및 연습문제

(1) 복동 실린더를 한쪽 작동 솔레노이드 밸브를 제어할 때 푸시 버튼 스위치에 의해 신호를 유지하는 방법을 설명하시오.
(2) 미터 아웃 제어의 장점에 대하여 설명하시오.

유공압 제어3(유압제어)

장비 및 도구, 소요재료

구 분	명 칭	규격(사양)	1대당 활용인원
장 비	전기유압실험장치	실습용(50pcs이상)	5명
	유압 펌프 유닛		5명
공 구	일반수공구 세트	10pcs 이상	5명
소요재료	① 복동 실린더		1명
	② 4포트 2위치 전자 밸브		
	③ 릴리프 밸브		
	④ 압력게이지		
	⑤ 일방향 유량제어 밸브		
	⑥ 신호 입력 스위치 유닛		
	⑦ 릴레이 유닛		

안전유의사항

- 유압 실습 장치의 전원 장치를 점검한다.
- 유압 탱크의 오일의 양 및 상태를 육안으로 점검한다.
- 유압 실습 장치 가동 후 5분 정도 무 부하 운전한다.
- 실습에 사용되는 수공구의 상태를 점검하고 정돈한다.
- 다른 사람이 실습 중에 스위치 등을 조작하지 않는다.
- 실습장 바닥에 오일이 떨어지면 즉시 제거하여 미끄럼 사고를 방지한다.
- 과격한 행동으로 실습 장치를 파손하거나 오작동 하지 않도록 한다.
- 실습 중에 항상 안전이 유지될 수 있도록 주의한다.

관련 자료

- 유압 실습 장치 사용자 매뉴얼
- 작업 표준서
- 관련 유압 부품 카타로그
- KS B ISO 1219 규격집
- 계산기
- 유지 보수 매뉴얼 및 장비 점검 일지

단원명 2 시험운전하기

| 실기 내용 | 복동 실린더의 자동 복귀 회로 |

1 복동 실린더의 자동 복귀 회로(1)_리밋 스위치 이용

1. 과제 :

(1) 제시된 유압 회로를 사용하여 KS B ISO 1219-1(유체 동력 시스템 및 부품_그래픽 기호 및 회로도-제2부: 회로도)에 따라 그려보시오.
(2) 유압 복동 실린더가 푸시 버튼 스위치를 누르면 전진하고, 전진 끝단에 도달되면 스스로 복귀되어야 한다.

2. 실습목표 :

(1) 리미트 스위치를 이용한 실린더의 자동 복귀 회로를 구성 할 수 있다.
(2) 리미트 스위치의 구조 및 원리를 설명할 수 있고 장치 및 기계에 설치할 수 있다.

3. 회로도

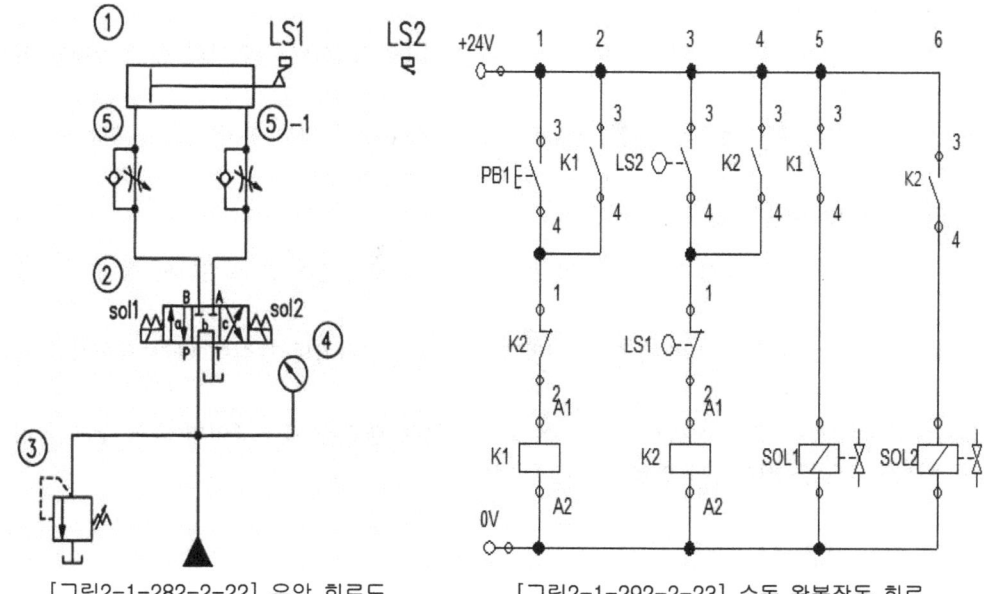

[그림2-1-282-2-22] 유압 회로도   [그림2-1-292-2-23] 수동 왕복작동 회로

4. 관련 지식

[그림2-1-292-2-23]의 전기 회로도 동작 원리는 다음과 같다. 푸시 버튼 스위치 PB1을 눌렀다 떼면, 릴레이 코일 K1이 여자 되고, 동시에 K1 a접점에 의해 자기 유지 되며, 5열의 K1 a접점도 닫히므로 SOL1이 여자 되고, 따라서 4포트 3위치 전자 밸브 ②가 a위치로 전환되어

151

유공압 제어3(유압제어)

실린더를 전진시킨다. 실린더가 전진 완료되어 LS2 리밋 스위치를 ON시키면 3열의 K2 릴레이 코일이 여자 되고 동시에 자기 유지되며, 6열의 K2 a접점을 닫아 SOL2에 통전시켜 실린더를 후진시킨다. 이때 솔레노이드 통전하던 R1은 1열의 K2 b접점에 의해 복귀된다. 실린더가 후진 완료되어 LS1 리밋 스위치가 ON되면 3열의 LS1 리밋 스위치의 b접점에 의해 릴레이 K2의 자기 유지가 해지된다. 이 상태에서 누름버튼 스위치 PB1을 다시 누르면 상기와 같은 동작을 반복한다.

5. 실습 방법

(1) [그림2-1-28․2-2-22]과 같이 유압 시스템을 구성한다.
(2) [그림2-1-29․2-2-23]와과 같이 전기회로를 구성한다.
(3) 릴리프 밸브 ③이 완전히 열려 있는가를 확인하고 유압 펌프를 기동한다.
(4) 릴리프 밸브 ③의 조정핸들을 시계방향으로 천천히 회전시켜 압력게이지 ④의 값이 30MPa이 되도록 조정한다. 이때 펌프의 토출유는 4포트 3위치 전자 밸브 ②에 의해 바이패스되어 릴리프 밸브의 설정 압력을 알 수 없으므로 4포트 3위치 전자 밸브 ② 전단에 차단 밸브를 설치하거나 또는 4포트 3위치 전자 밸브 ②를 a위치나 c위치로 전환시킨 후 압력을 설정해야 한다.
(5) 전기회로에 전원을 투입하고, 누름버튼 스위치 PB1을 ON시켜 실린더의 동작 상태를 확인한다.
(6) 실린더를 완전히 후진시킨 다음 릴리프 밸브 ③을 완전히 열고 유압 펌프를 정지시킨다.

6. 실습결과 및 연습문제

(1) [그림2-1-29․2-2-23]에서 2열이나 4열의 자기유지 회로가 없다면 실린더의 동작이 어떻게 되는지 설명하시오.
(2) [그림2-1-28․2-2-22]에 사용한 4포트 3위치 밸브를 중립위치의 형식에 따라 표현하면 무슨 밸브라 하는가?
(3) [그림2-1-29․2-2-23]에서 실린더가 전진 중이면 녹색 램프가, 후진중이면 적색 램프가 점등되도록 회로를 변경하여 완성하시오.

장비 및 도구, 소요재료

구 분	명 칭	규격(사양)	1대당 활용인원
장 비	전기유압실험장치	실습용(50pcs이상)	5명
	유압 펌프 유닛		5명
공 구	일반수공구 세트	10pcs 이상	5명
소요재료	① 복동 실린더		
	② 4포트 2위치 전자 밸브		
	③ 릴리프 밸브		
	④ 압력게이지		
	⑤ 일방향 유량제어 밸브		
	⑥ 신호 입력 스위치 유닛		
	⑦ 릴레이 유닛		
	⑧ 리밋 스위치		

안전유의사항

- 유압 실습 장치의 전원 장치를 점검한다.
- 유압 탱크의 오일의 양 및 상태를 육안으로 점검한다.
- 유압 실습 장치 가동 후 5분 정도 무 부하 운전한다.
- 실습에 사용되는 수공구의 상태를 점검하고 정돈한다.
- 다른 사람이 실습 중에 스위치 등을 조작하지 않는다.
- 실습장 바닥에 오일이 떨어지면 즉시 제거하여 미끄럼 사고를 방지한다.
- 과격한 행동으로 실습 장치를 파손하거나 오작동 하지 않도록 한다.
- 실습 중에 항상 안전이 유지될 수 있도록 주의한다.

관련 자료

- 유압 실습 장치 사용자 매뉴얼
- 작업 표준서
- 관련 유압 부품 카타로그
- KS B ISO 1219 규격집
- 계산기
- 유지 보수 매뉴얼 및 장비 점검 일지

유공압 제어3(유압제어)

| 실기 내용 | 복동 실린더의 자동 복귀 회로(2)_압력 스위치 이용 |

1 복동 실린더의 자동 복귀 회로(2)_압력 스위치 이용

1. 과제 :

(1) 제시된 유압 회로를 사용하여 KS B ISO 1219-1(유체 동력 시스템 및 부품_그래픽 기호 및 회로도-제2부: 회로도)에 따라 그려보시오.
(2) 푸시버튼 스위치를 누르면 전진하고, 실린더 전진 행정에서 일정한 압력이 가해지면 스스로 복귀되어야 한다.

2. 실습목표 :

(1) 압력 스위치를 이용하여 복동 실린더의 자동 복귀 회로를 구성할 수 있다.
(2) 압력 스위치의 구조 및 원리에 대하여 설명할 수 있고 유압 시스템에 설치할 수 있다.

3. 회로도

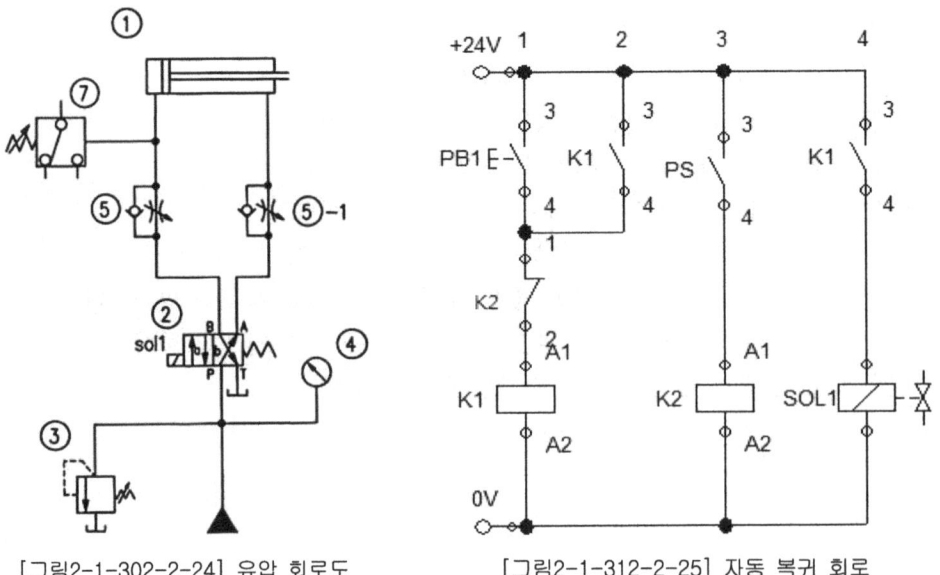

[그림2-1-302-2-24] 유압 회로도   [그림2-1-312-2-25] 자동 복귀 회로

4. 동작원리

압력스위치를 사용한 복동실린더 자동 복귀회로의 동작 원리는 다음과 같다. 먼저 푸시버튼 스위치 PB1을 눌렀다 떼면, 릴레이 코일 K1이 여자 되고 자기 유지 되며, 동시에 솔레노이드 코일에 전류를 통전시켜 4포트 2위치 전자 밸브 ②를 a위치로 전환시킴에 따라 실린더가 전진한다. 실린더가 전진 완료되어 실린더 챔버 내의 압력이 압력 스위치 ⑦에 설정된 압력에

도달되면, 릴레이 코일 K2가 여자 되어 K1의 자기 유지를 해제하므로 실린더가 후진되는 회로이다.

5. 실습 방법

(1) [그림2-1-302-2-24]과와 같이 유압 시스템을 구성한다.
(2) [그림2-1-312-2-25]과와 같이 전기회로를 구성한다.
(3) 릴리프 밸브 ③이 완전히 열려 있는가를 확인하고 유압 펌프를 기동한다.
(4) 릴리프 밸브 ③의 조정핸들을 시계방향으로 천천히 회전시켜 압력게이지 ④의 값이 30MPa이 되도록 조정한다.
(5) 압력 스위치 ⑦의 눈금이 30MPa가 되도록 조정한다.
(6) 전기회로에 전원을 투입하고, 누름버튼 스위치 PB1을 ON시켜 실린더의 동작 상태를 확인한다.
(7) 릴리프 밸브 ③을 완전히 열고 유압 펌프를 정지시킨다.

6. 실습결과 및 연습문제

(1) 압력 스위치의 구조 및 원리를 설명하시오.
(2) [그림2-112-2-25]은 실린더가 전진 도중에 압력 스위치에 설정된 값에 압력이 도달되면 곧바로 후진된다. 따라서 실린더가 전진 끝까지 도달되어야 하고 실린더 전진시에도 일정 압력이 가해졌을 때 복귀되도록 회로를 설계하시오.

유공압 제어3(유압제어)

장비 및 도구, 소요재료

구 분	명 칭	규격(사양)	1대당 활용인원
장 비	전기유압실험장치	실습용(50pcs이상)	5명
	유압 펌프 유닛		5명
공 구	일반수공구 세트	10pcs 이상	5명
소요재료	① 복동 실린더		
	② 4포트 2위치 전자 밸브		
	③ 릴리프 밸브		
	④ 압력게이지		
	⑤ 일방향 유량제어 밸브		
	⑥ 신호 입력 스위치 유닛		
	⑦ 압력 스위치		
	⑧ 릴레이 유닛		

안전유의사항

- 유압 실습 장치의 전원 장치를 점검한다.
- 유압 탱크의 오일의 양 및 상태를 육안으로 점검한다.
- 유압 실습 장치 가동 후 5분 정도 무 부하 운전한다.
- 실습에 사용되는 수공구의 상태를 점검하고 정돈한다.
- 다른 사람이 실습 중에 스위치 등을 조작하지 않는다.
- 실습장 바닥에 오일이 떨어지면 즉시 제거하여 미끄럼 사고를 방지한다.
- 과격한 행동으로 실습 장치를 파손하거나 오작동 하지 않도록 한다.
- 실습 중에 항상 안전이 유지될 수 있도록 주의한다.

관련 자료

- 유압 실습 장치 사용자 매뉴얼
- 작업 표준서
- 관련 유압 부품 카타로그
- KS B ISO 1219 규격집
- 계산기
- 유지 보수 매뉴얼 및 장비 점검 일지

단원명 2 시험운전하기

| 실기 내용 | 타이머를 사용한 실린더 후진 지연 제어 회로 |

1 복동실린더의 후진 지연 회로

1. 과제 :

(1) 제시된 유압 회로를 사용하여 KS B ISO 1219-1(유체 동력 시스템 및 부품_그래픽 기호 및 회로도-제2부: 회로도)에 따라 그려보시오.
(2) 푸시버튼 스위치를 누르면 실린더가 전진되어야 하고, 전진이 완료된 후 5초 후에 복귀되어야 한다.

2. 실습목표 :

(1) 타이머를 이용하여 출력을 지연할 수 있는 회로를 구성할 수 있다.
(2) 타이머의 종류와 용도를 설명할 수 있고 장치나 기구에 설치할 수 있다..

3. 회로도

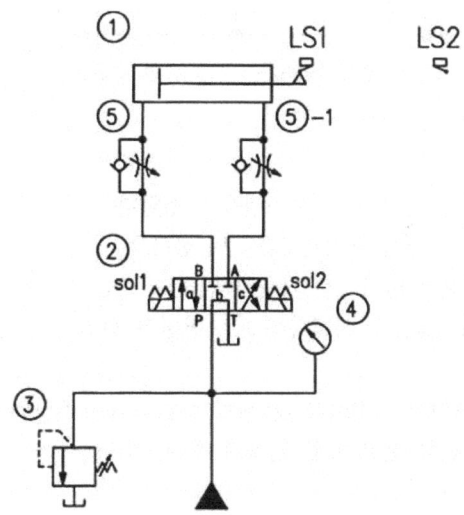

[그림2-1-322-2-26] 유압 회로도

4. 동작원리

[그림2-1-322-2-26]의 유압 시스템을 제어하는 전기 회로도로 동작원리는 다음과 같다.

누름버튼 스위치 PB1을 ON시키면 릴레이 코일 K1이 여자 되고 자기 유지되며, 5열의 K1 a 접점을 닫아 솔레노이드 SOL2를 여자 시키고, 따라서 4포트 3위치 전자 밸브 ②가 c위치로 전환되어 실린더가 전진된다. 실린더가 전진 완료 되어 LS2 리밋 스위치가 ON되면, 3열의 릴레이 코일 K2가 여자 되고 자기 유지되며, 동시에 SOL2에 통전하던 전류를 차단시키므

157

유공압 제어3(유압제어)

로 4포트 3위치 전자 밸브 ②는 중립 위치인 b로 복귀되므로 실린더는 정지된 상태이다. 동시에 4열의 타이머 코일이 구동되기 시작하여, 미리 설정된 시간이 되면, 6열의 타이머 a접점을 ON시켜 SOL1에 통전시키므로 4포트 3위치 전자 밸브 ②가 a위치로 전환되어 실린더가 후진된다. 실린더가 후진 완료되어 LS1 리밋 스위치가 ON되면, 3열의 자기 유지가 해제 되고, 여기서 다시 PB1을 누르면 상기와 같은 동작을 반복한다.

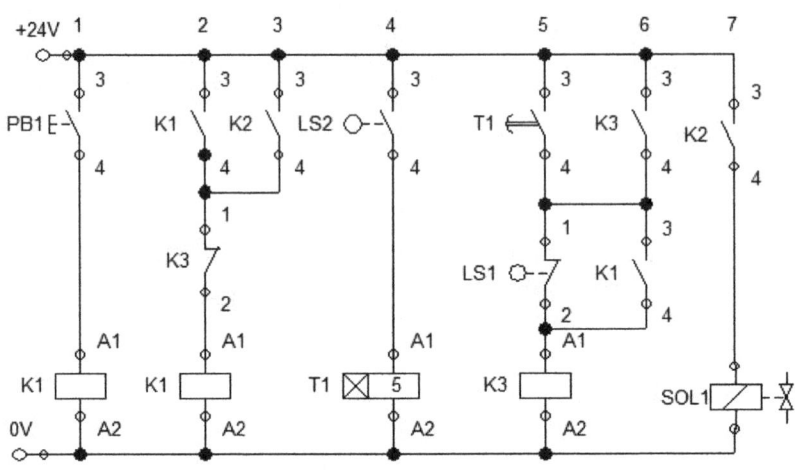

[그림2-1-332-2-27] 유압 회로도

5. 실습 방법

(1) [그림2-1-322-2-26]와과 같이 유압 시스템을 구성한다.
(2) [그림2-1-332-2-27]과와 같이 전기회로를 구성한다.
(3) 릴리프 밸브 ③이 완전히 열려 있는가를 확인하고 유압 펌프를 기동한다.
(4) 릴리프 밸브 ③의 조정핸들을 시계방향으로 천천히 회전시켜 압력게이지 ④의 값이 30MPa 이 되도록 조정한다.
(5) 전기회로에 전원을 투입하고, PB1을 ON시켜 실린더의 동작 상태를 확인한다.
(6) 릴리프 밸브 ③을 완전히 열고 유압 펌프를 정지시킨다.

6. 실습결과 및 연습문제

(1) 위 회로에서 실린더가 5초 후에 복귀되도록 조정하여 실습하고, 타이머의 구조 및 원리에 대해 설명하시오.
  한시동작 순시복귀(ON Delay) : 타이머의 전원코일에 전압이 인가되고, 타이머의 설정시간 후 접점이 작동하는 방식
  순시동작 한시복귀(OFF Delay) : 타이머의 전원코일에 전압이 인가되면 타이머의 접점이 작동되고, 타이머의 설정시간 후 접점이 초기 상태로 돌아오는 방식

단원명 2 시험운전하기

장비 및 도구, 소요재료

구 분	명 칭	규격(사양)	1대당 활용인원
장 비	전기유압실험장치	실습용(50pcs이상)	5명
	유압 펌프 유닛		5명
공 구	일반수공구 세트	10pcs 이상	5명
소요재료	① 복동 실린더		
	② 4포트 2위치 전자 밸브		
	③ 릴리프 밸브		
	④ 압력게이지		
	⑤ 일방향 유량제어 밸브		
	⑥ 신호 입력 스위치 유닛		
	⑦ 릴레이 유닛		
	⑧ 타임 릴레이		
	⑨ 리밋 스위치		

안전유의사항

- 유압 실습 장치의 전원 장치를 점검한다.
- 유압 탱크의 오일의 양 및 상태를 육안으로 점검한다.
- 유압 실습 장치 가동 후 5분 정도 무 부하 운전한다.
- 실습에 사용되는 수공구의 상태를 점검하고 정돈한다.
- 다른 사람이 실습 중에 스위치 등을 조작하지 않는다.
- 실습장 바닥에 오일이 떨어지면 즉시 제거하여 미끄럼 사고를 방지한다.
- 과격한 행동으로 실습 장치를 파손하거나 오작동 하지 않도록 한다.
- 실습 중에 항상 안전이 유지될 수 있도록 주의한다.

관련 자료

- 유압 실습 장치 사용자 매뉴얼
- 작업 표준서
- 관련 유압 부품 카타로그
- KS B ISO 1219 규격집
- 계산기
- 유지 보수 매뉴얼 및 장비 점검 일지

유공압 제어3(유압제어)

실기 내용   유압 모터 제어

1 유압 모터 제어 실습

1. 과제 :
(1) 제시된 유압 회로를 사용하여 KS B ISO 1219-1(유체 동력 시스템 및 부품_그래픽 기호 및 회로도-제2부: 회로도)에 따라 그려보시오.
(2) 양방향 회전형의 유압 모터가 PB1을 누르면 5초 동안 정회전하고, PB2를 누르면 5초 동안 역회전 되어야 한다.

2. 실습목표 :
(1) 유압 모터의 제어 회로에 대해 알아본다.
(2) 타이머에 의한 일정시간 동작 회로에 대해 알아본다.

3. 회로도

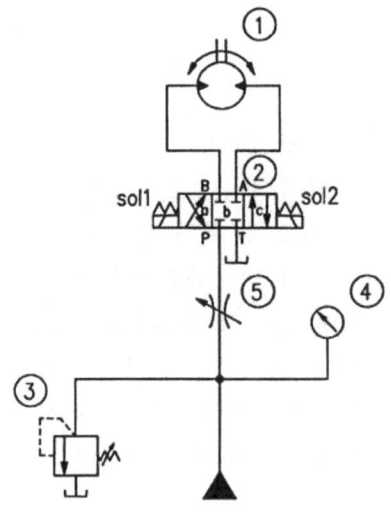

[그림2-1-342-2-28] 유압 회로도

4. 동작설명

  [그림2-1-342-2-28]는은 양방향 회전의 유압 모터를 4포트 3위치의 전자 밸브로 방향을 제어하고 모터의 속도의 압력은 유량조정 밸브 ⑤와 릴리프 밸브 ③으로 조절하도록 구성된 유압 회로이다.
  [그림2-1-352-2-29]에서 PB1은 정회전용 스위치이고, PB2는 역회전용으로 스위치로서, 먼저 PB1을 누르면 릴레이 K1이 여자 되어 자기 유지되고, SOL1을 ON시켜 모터를 정회전 시킨다.

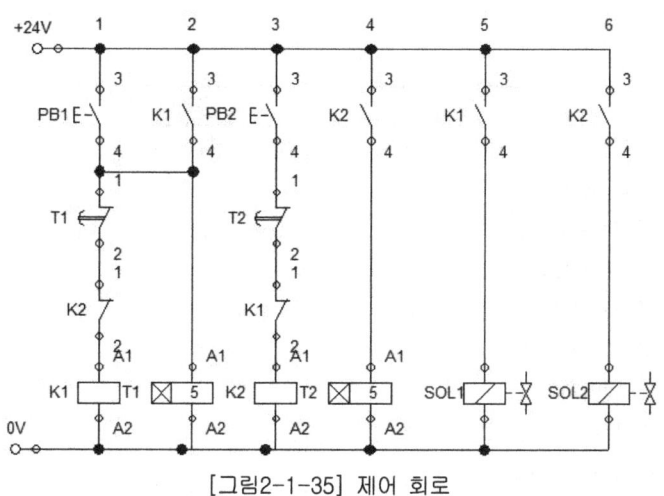

[그림2-1-35] 제어 회로

　동시에 타이머 코일 T1도 동작되기 시작하여 타이머에 설정된 시간 후에 K1코일의 자기 유지를 해지시키므로 모터는 정지한다. 또한, 모터를 역회전시키기 위해 PB2를 ON시키면 마찬가지로 K2코일이 여자 되어 자기 유지 되고, 모터를 역회전시킴과 동시에 타이머 코일 T2가 동작되고 T2에 설정된 시간 후에 K2 코일의 자기 유지를 해제시켜 스스로 정지한다. 즉, 이 회로는 타이머에 의한 ONE-Shot 회로로서, 입력이 주어지고 일정시간 후에 스스로 복귀하는 회로이다. 또한, 이 회로에서는 모터가 정회전 중일 때, PB2를 ON시켜도, 또는 모터가 역회전 중일 때 PB1을 ON시켜도 기기를 보호할 수 있도록 인터록을 취했으며, PB1이나 PB2가 동시에 눌려져도 먼저 입력된 신호만 유효하도록 구성되었다.

5. 실습 방법

(1) [그림2-1-342-2-28]와과 같이 유압 시스템을 구성한다.
(2) [그림2-1-352-2-29]와 같이 전기회로를 구성한다.
(3) 릴리프 밸브 ③이 완전히 열려 있는지 확인하고 유압 펌프를 기동한다.
(4) 릴리프 밸브 ③의 조정핸들을 시계방향으로 천천히 회전시켜 압력게이지 ④의 값이 30MPa이 되도록 조정한다.
(5) 전기회로에 전원을 투입하고, 누름버튼 스위치를 눌러 모터의 운동 상태를 확인한다.
(6) 릴리프 밸브 ③을 완전히 열고 유압 펌프를 정지시킨다.

6. 실습결과 및 연습문제

(1) 인터록 회로 구성 방법을 설명하고 회로를 구성해 보시오.
(2) 두 개의 입력신호 중 먼저 입력된 신호만이 유효하고 나중에 입력된 신호는 동작할 수 없도록 하는 회로가 무슨 회로인지 설명하시오.

유공압 제어3(유압제어)

장비 및 도구, 소요재료

구 분	명 칭	규격(사양)	1대당 활용인원
장 비	전기유압실험장치	실습용(50pcs이상)	5명
	유압 펌프 유닛		5명
공 구	일반수공구 세트	10pcs 이상	5명
소요재료	① 유압 모터		
	② 4포트 3위치 전자 밸브		
	③ 릴리프 밸브		
	④ 압력게이지		
	⑤ 양방향 유량 조정 밸브		
	⑥ 신호 입력 스위치 유닛		
	⑦ 릴레이 유닛		
	⑧ 타임 릴레이		

안전유의사항

- 유압 실습 장치의 전원 장치를 점검한다.
- 유압 탱크의 오일의 양 및 상태를 육안으로 점검한다.
- 유압 실습 장치 가동 후 5분 정도 무 부하 운전한다.
- 실습에 사용되는 수공구의 상태를 점검하고 정돈한다.
- 다른 사람이 실습 중에 스위치 등을 조작하지 않는다.
- 실습장 바닥에 오일이 떨어지면 즉시 제거하여 미끄럼 사고를 방지한다.
- 과격한 행동으로 실습 장치를 파손하거나 오작동 하지 않도록 한다.
- 실습 중에 항상 안전이 유지될 수 있도록 주의한다.

관련 자료

- 유압 실습 장치 사용자 매뉴얼
- 작업 표준서
- 관련 유압 부품 카타로그
- KS B ISO 1219 규격집
- 계산기
- 유지 보수 매뉴얼 및 장비 점검 일지

| 실기 내용 | 복동 실린더의 연속 왕복 작동 회로 |

1 복동 실린더의 연속 왕복 작동 회로

1. 과제 :

(1) 제시된 유압 회로를 사용하여 KS B ISO 1219-1(유체 동력 시스템 및 부품_그래픽 기호 및 회로도-제2부: 회로도)에 따라 그려보시오.

(2) 유압 복동 실린더가 시동 신호를 주면 정지 신호를 줄 때까지 연속적으로 왕복 작동되어 야 한다.

2. 실습목표 :

(1) 리미트스위치를 사용하여 실린더의 연속 왕복작동 회로를 구성할 수 있다.

3. 회로도

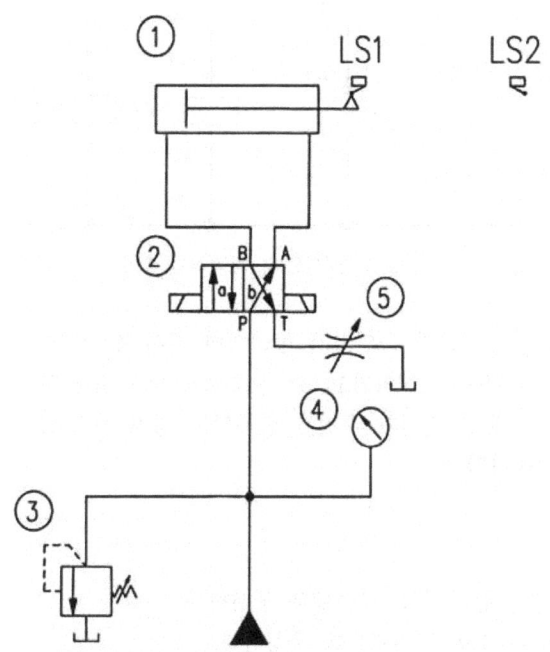

[그림2-1-362-2-30] 유압 회로도

4. 동작설명

[그림2-1-362-2-30]은 4포트 2위치의 양측 전자 밸브로 복동 실린더의 방향을 제어하는 유압 회로도이고, 이 유압 회로를 제어하는 전기 회로가 [그림2-1-372-2-31]이다.

유공압 제어3(유압제어)

 동작 원리는 연속동작용의 PB1스위치를 ON시키면, 릴레이 코일 K1이 여자 되고 자기 유지되며, 이때 실린더가 후진 위치에 있다면, LS1 리밋 스위치가 ON되어 있으므로 K2코일이 여자 된다. 따라서 K2의 a접점에 의해 SOL1이 ON되어 실린더를 전진시키고 전진 끝단에서 LS2가 ON되면, K3릴레이 코일이 여자 되고, K3의 a접점에 의해 SOL2가 동작되므로 실린더는 복귀된다.

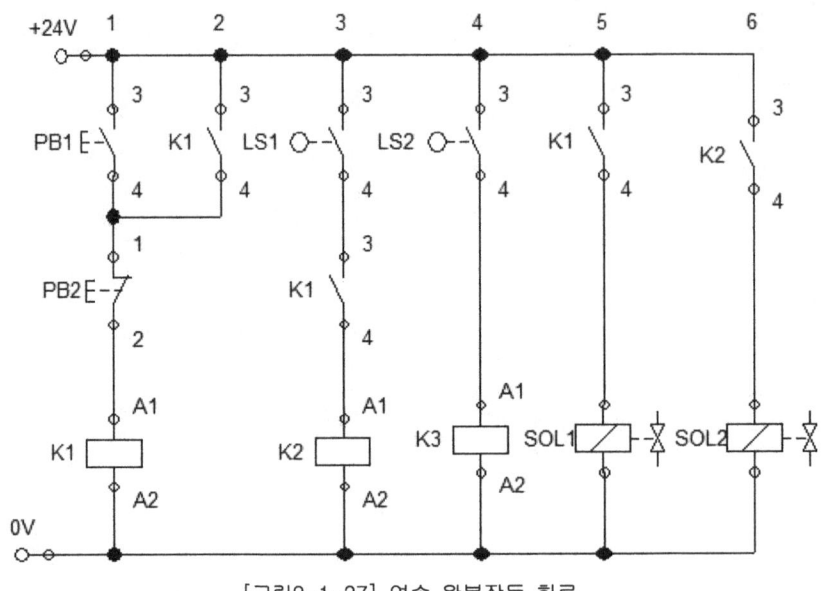

[그림2-1-37] 연속 왕복작동 회로

 실린더가 복귀 완료되어 LS1리밋 스위치가 눌려지면 다시 K2코일이 여자 되어 실린더를 전진시키며, 전진 끝단에서 LS2를 ON시키고, 그 신호로써 다시 후진된다. 이과 같이 복동 실린더는 K1이 ON되어 있는 동안 전진과 후진을 반복하고 정지 신호용의 PB2를 ON시키면 실린더가 후진된 상태에서 정지된다.

5. 실습 방법

(1) [그림2-1-362-2-30]과 같이 유압 시스템을 구성한다.
(2) [그림2-1-372-2-31]과 같이 전기회로를 구성한다.
(3) 릴리프 밸브 ③이 완전히 열려 있는가를 확인하고 유압 펌프를 기동한다.
(4) 릴리프 밸브 ③의 조정핸들을 시계방향으로 천천히 회전시켜 압력게이지 ④의 값이 30MPa 이 되도록 조정한다.
(5) 전기회로에 전원을 투입하고, 누름버튼 스위치를 눌러 실린더의 운동 상태를 확인한다.
(6) 누름 버튼 스위치 PB2를 ON시켜 실린더를 정지시킨 다음 릴리프 밸브 ③을 완전히 열고 유압 펌프를 정지시킨다.

6. 실습결과 및 연습문제

(1) [그림2-1-37]에서 릴레이 K2나 K3의 회로를 자기 유지 시키지 않아도 실린더가 끝까지 전·후진되는지 설명하시오.

(2) [그림2-1-37]은 실린더가 전진 중에 PB2를 ON시켜도 후진하며 정지한다. 실린더가 전진 중에 PB2를 ON시키면 전진하여 정지하고, 후진 중에 PB2가 ON되면, 후진된 상태에서 정지되도록 회로를 완성하시오.

유공압 제어3(유압제어)

장비 및 도구, 소요재료

구 분	명 칭	규격(사양)	1대당 활용인원
장 비	전기유압실험장치	실습용(50pcs이상)	5명
	유압 펌프 유닛		5명
공 구	일반수공구 세트	10pcs 이상	5명
소요재료	① 복동 실린더		
	② 4포트 2위치 전자 밸브		
	③ 릴리프 밸브		
	④ 압력게이지		
	⑤ 양방향 유량 조정 밸브		
	⑥ 신호 입력 스위치 유닛		
	⑦ 릴레이 유닛		
	⑧ 리밋 스위치		

안전유의사항

- 유압 실습 장치의 전원 장치를 점검한다.
- 유압 탱크의 오일의 양 및 상태를 육안으로 점검한다.
- 유압 실습 장치 가동 후 5분 정도 무 부하 운전한다.
- 실습에 사용되는 수공구의 상태를 점검하고 정돈한다.
- 다른 사람이 실습 중에 스위치 등을 조작하지 않는다.
- 실습장 바닥에 오일이 떨어지면 즉시 제거하여 미끄럼 사고를 방지한다.
- 과격한 행동으로 실습 장치를 파손하거나 오작동 하지 않도록 한다.
- 실습 중에 항상 안전이 유지될 수 있도록 주의한다.

관련 자료

- 유압 실습 장치 사용자 매뉴얼
- 작업 표준서
- 관련 유압 부품 카타로그
- KS B ISO 1219 규격집
- 계산기
- 유지 보수 매뉴얼 및 장비 점검 일지

| 실기 내용 | 두 개 실린더를 이용한 시퀀스 회로 |

1 실린더 두 개의 시퀀스회로

1. 과제 :

(1) 제시된 유압 회로를 사용하여 KS B ISO 1219-1(유체 동력 시스템 및 부품_그래픽 기호 및 회로도-제2부: 회로도)에 따라 그려보시오.
(2) 두 개의 실린더는 정해진 순서에 따라 작동되어야 한다.

2. 실습목표 :

(1) 위치 결정에 의한 시퀀스 회로를 구성 할 수 있다.

3. 회로도

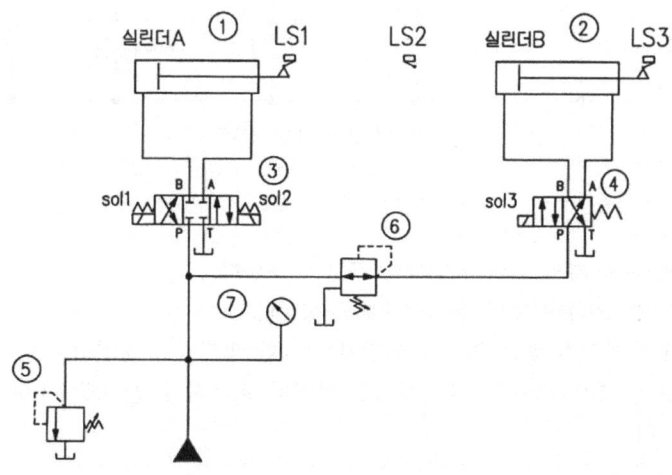

[그림2-1-382-2-32] 유압 회로도

4. 동작원리

[그림2-1-392-2-33]는은 [그림2-1-382-2-32]의 유압 시스템을 순차 작동시키는 전기 회로로서 동작원리는 다음과 같다.

제어계의 시동 스위치인 PB1을 ON시키면 릴레이 코일 R1이 여자 되고 자기 유지되며, 9열의 R1 a접점을 닫아 실린더 A를 전진시킨다. 실린더 A가 전진 완료되어 LS2 리밋스위치가 ON되면 3열의 R1 a접점과 LS2동시에 ON되어 R2 릴레이가 여자 되고 자기 유지되며, 10열 R2 a접점을 닫아 실린더 B를 전진시킨다.

마찬가지로 실린더 B가 전진 완료되어 LS4 리밋 스위치가 ON되면, 5열의 R3 릴레이가 여자 되고 자기 유지되며, 동시에 1열과 3열의 R3 b접점이 열려 릴레이 코일 R1과 R2의 자기 유지

유공압 제어3(유압제어)

가 해제되고, 그 결과 실린더 B가 후진한다. 실린더 B가 후진 완료되어 LS3가 N되면 7열의 R3과 LS3가 AND로 되어 릴레이 코일 R4가 여자 되어 자기 유지됨과 동시에 11열의 R4 a접점을 닫아 A실린더를 후진시키고, 5열의 R4 b접점을 열어 R3의 자기 유지를 해제시킨다. 그리고 실린더 A가 후진 완료되어 LS1 리밋 스위치를 ON시키면 릴레이 코일 R4가 복귀되므로 1사이클이 종료되며, 여기서 다시 PB1 스위치를 다시 ON시키면 상기와 같은 동작을 반복한다.

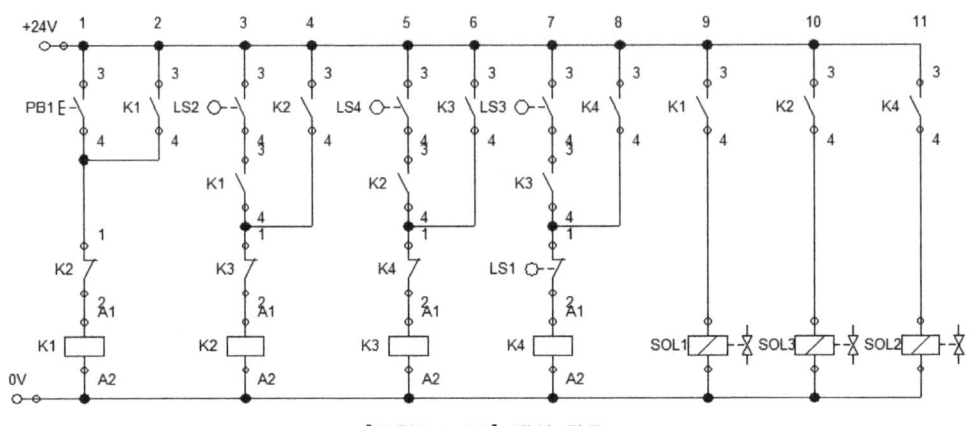

[그림2-1-39] 제어 회로

5. 실습 방법

(1) [그림2-1-38?2-2-32]과와 같이 유압 시스템을 구성한다.
(2) [그림2-1-39?2-2-33]와과 같이 전기회로를 구성한다.
(3) 릴리프 밸브가 완전히 열려 있는지 확인하고 유압 펌프를 기동한다.
(4) 릴리프 밸브의 조정핸들을 시계방향으로 천천히 회전시켜 압력게이지의 값이 30MPa이 되도록 조정한다.
(5) 감압 밸브의 압력을 20MPa이 되도록 조정한다. 이것은 두 개의 실린더의 작동압력을 다르게 하려고 하는 것이다.
(6) 전기회로에 전원을 투입하고, 푸시버튼 스위치를 눌러 실린더의 운동 상태를 확인한다.
(7) 릴리프 밸브의 조정핸들을 완전히 열고 유압 펌프를 정지시킨다.

6. 실습결과 및 연습문제

(1) 위 회로를 실습하고 실린더의 전진운동을 +, 후진운동을 -로 표현할 때, 실린더의 동작순서를 나타내시오.
(2) A 실린더가 전진 완료후 3초 후에 B 실린더가 전진할 수 있도록 회로를 변경하여 실습하시오.
(3) 연속작동 5회 사이클의 회로를 구성하시오.

단원명 2 시험운전하기

장비 및 도구, 소요재료

구 분	명 칭	규격(사양)	1대당 활용인원
장 비	전기유압실험장치	실습용(50pcs이상)	5명
	유압 펌프 유닛		5명
공 구	일반수공구 세트	10pcs 이상	5명
소요재료	① 복동 실린더		
	② 차동 실린더		
	③ 4포트 3위치 전자 밸브		
	④ 4포트 2위치 전자 밸브		
	⑤ 릴리프 밸브		
	⑥ 감압 밸브		
	⑦ 압력게이지		
	⑧ 신호 입력 스위치 유닛		
	⑨ 릴레이 유닛		
	⑩ 리밋 스위치		

안전유의사항

- 유압 실습 장치의 전원 장치를 점검한다.
- 유압 탱크의 오일의 양 및 상태를 육안으로 점검한다.
- 유압 실습 장치 가동 후 5분 정도 무 부하 운전한다.
- 실습에 사용되는 수공구의 상태를 점검하고 정돈한다.
- 다른 사람이 실습 중에 스위치 등을 조작하지 않는다.
- 실습장 바닥에 오일이 떨어지면 즉시 제거하여 미끄럼 사고를 방지한다.
- 과격한 행동으로 실습 장치를 파손하거나 오작동 하지 않도록 한다.
- 실습 중에 항상 안전이 유지될 수 있도록 주의한다.

관련 자료

- 유압 실습 장치 사용자 매뉴얼
- 작업 표준서
- 관련 유압 부품 카타로그
- KS B ISO 1219 규격집
- 계산기
- 유지 보수 매뉴얼 및 장비 점검 일지

유공압 제어3(유압제어)

단원명 2 교수방법 및 학습활동

교수 방법

■ 강의법 및 문제해결법
1. 선행 학습된 유체의 물리적 성질에 대한 선수 학습 여부를 평가지 혹은 질의응답을 통하여 확인한다.
2. 유압 동력 발생 장치, 유압 밸브, 유압 액추에이터에 대한 기호와 어플리케이션의 예를 사진, 동영상 등(예:PPT)으로 제시하여 설명하고 실물과 비교한다.
3. 유압 기기의 기능과 특성을 시중품 catalog를 사용하여 설명하고 ISO 규격 표시 방법 등과 비교해 본다.
4. 관련 지식 전달 후 제시된 과제를 통하여 실습하게 한다.

학습 활동

■ 사전 지식 평가
1. 10문제 이내의 질문지를 통하여
 (1) 단위와 차원에 대하여 설명하게 한다.
 (2) 압력과 동력을 정의하고 사용되는 단위를 나열해 보게 한다.
 (3) 유압이 발생되는 원리와 어플리케이션을 설명하게 한다.

■ 관련 지식 전달
1. 제어회로 구성하기의 교육 목표를 설정하고 목표 도달 방법을 위한 평가에 대해 설명 한다
2. 사전 지식 평가를 통한 학습 대상자를 3~4명 단위로 grouping한 후 수준별 과제를 부여하고 과제 수행의 목표와 방법을 시범을 보이며 설명한다.

■ 과제 부여 및 문제 해결
1. 주어진 과제를 해결하기 위한 준비(유압 기기의 선정, 과제 해결 방법, 배관 계획, 회로도 구성 등)를 그룹별로 실시한다.
2. 부여된 과제에 대한 시간을 부여하고, 제한 시간을 초과하지 않도록 한다.
3. 그룹별 과제가 끝나면 순환 실습을 실시하고, 난이도가 낮은 경우에 교수자가 응용과제를 부여한다.
4. 제한 시간을 초과하는 그룹에게 과제의 난이도를 조절하여 교육 목표를 달성하게 한다.
5. 과제가 정상적으로 완성된 경우에 그룹별로 과제 해결 중에 애로점이나 문제점의 극복 방법에 대해 질의응답을 통하여 확인하고 개인별, 그룹별 학업 성취도를 기록한다.

단원명 2 시험운전하기

단원명 2 평가

평가 시점

- 교수계획에 의해 단위 교육 시간 전에 평가지를 사용하여 사전 평가를 실시한다.
- 교수계획에 의하여 능력단위 요소가 종료되는 시점에서 수행 준거를 기반으로 이론 평가와 실기 평가를 실시한다.
- 평가 시기는 계획된 교수 시간의 1/2 시점과 교육 종료 시점에서 실시하고 교육 종료 시점의 평가는 공증된 국가 기술자격 검정의 이론과 실기 출제 수준으로 평가한다.

평가 준거

평가자는 피 평가자가 수행 준거 및 평가 내용에 제시되어 있는 내용을 성공적으로 수행할 수 있는지를 평가해야 한다. 평가자는 다음 사항을 평가해야 한다.

평가영역	평가항목	성취수준				
		잘모른다	미흡하다	보통이다	알고있다	잘알고있다
시험 운전 하기	유압 요소를 제어하기 위한 컨트롤러의 프로그램을 컴퓨터에 설치하고 이를 활용하여 제어 프로그램을 편집할 수 있어야 한다.					
	제어 프로그램을 이용하여 논리적 프로그램을 주어진 조건에 따라 작성할 수 있어야 한다.					
	작성한 프로그램 혹은 전기적 회로를 이용하여 제어 목표를 만족할 수 있는 동작을 시킬 수 있어야 한다.					
	시운전이 완료된 후 기기의 이상 유무를 판단하고 이에 따른 결과를 도출하여 관련자가 이해할 수 있도록 정리하여 제공할 수 있어야 한다.					
	기계적 도면에 근거하여 액추에이터의 기구적 설치를 할 수 있다.					
	배선도를 근거하여 액추에이터와 관련된 부분의 기본적 전기 배선 및 배관을 할 수있다.					

유공압 제어3(유압제어)

평가 방법

평가영역	평가항목	평가방법
시험 운전 하기	전기유압 회로 구성	문제해결 시나리오 작업장평가
	전기 유압 기초 회로	

평가 문제

1. 푸시버튼 스위치 a접점, b접점, c접점의 기호(IEC 기호)를 그리고 작동 원리를 간단히 설명하시오.

2. 4/2-way 솔레노이드 밸브를 작도하시오.

3. AND 회로를 논리기호와 유체소자 회로, 전기회로로 나타내고 진리표를 작성하시오.

4. OR 회로를 논리기호와 유체소자 회로, 전기회로로 나타내고 진리표를 작성하시오.

5. NOT 회로를 논리기호와 유체소자 회로, 전기회로로 나타내고 진리표를 작성하시오.

6. 다음 제시된 회로의 서술하고 특징을 동작을 기술하시오.

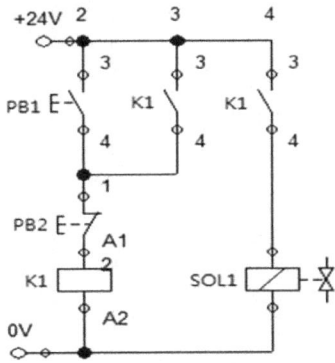

7. 유압 실린더 3개로 이루어진 리프터가 있다. 3개의 실린더는 프로그램의 순서대로 작동되고 있다. 프로그램을 탑재하여 운영하는 과정에서 신호 중복이 발생하여 오작동이 발생되었다. 신호 중복의 설명으로 가장 적합한 것은?
   (1) 1개의 실린더를 제어하는 마스터 밸브에 셋, 리셋 신호가 존재하는 것을 말한다.
   (2) 유압 시스템의 회로에 동시에 2개 이상의 신호가 존재하는 것을 말한다.
   (3) 신호 중복의 판단은 시간 선도로서 쉽게 할 수 있다.
   (4) 신호 중복이 있으면 액추에이터 작동이 지연되어 일어난다.
   (5) 3개 이하의 액추에이터의 구동에서는 신호 중복이 발생하지 않는다.

8. 근접 스위치 중에서 영구 자석을 이용하여 위치를 감지할 수 있는 것은?
   (1) 토글 스위치   (2) 스냅-온 스위치   (3) 압력 스위치
   (4) 3로 스위치   (5) 리드 스위치

9. 다음 진리표에 해당하는 회로는?

입력신호		출력
A	B	Y
0	0	1
0	1	0
1	0	0
1	1	0

   (1) NOT 회로   (2) NOR 회로   (3) NAND 회로
   (4) NON 회로   (5) NULL 회로

10. 두 개의 푸시버튼 스위치로 시동되는 유압 클램핑 장치가 있다. 두 개의 푸시버튼 스위치에 입력신호가 있어야 클램핑 할 수 있다. 이 장치에서 클램핑 회로를 구성하기에 적당한 회로는?
    (1) NOT 회로   (2) YES 회로   (3) AND 회로
    (4) OR 회로   (5) NOR 회로

11. 다음 문제를 읽고 맞으면 "0" 틀리면 "X" 하시오
    (1) 상시 열림 접점을 a 접점이라 한다. ( )
    (2) 릴레이는 스위치의 일종으로 접점이 2개 이하로 제한된다. ( )
    (3) c 접점은 d 접점과 비교하여 1개의 접점이 적게 구성되어 있다. ( )
    (4) 리미트 스위치를 사용할 때 반드시 a 접점으로 사용해야 한다. ( )

유공압 제어3(유압제어)

12. 다음 회로를 보고 필요한 전기 부품 3개를 선택 하고 주어진 회로에서 그 기능을 기술하시오.

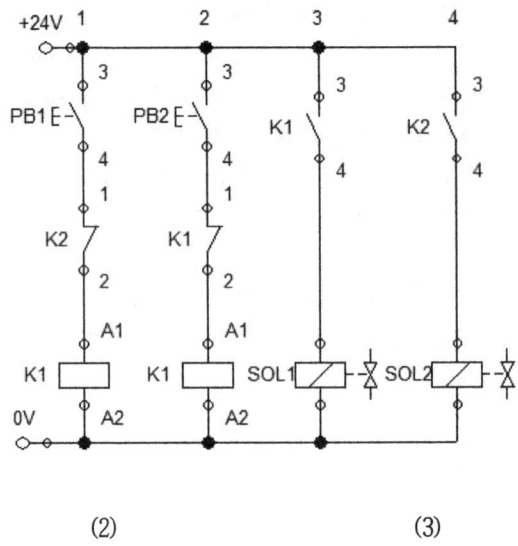

(1)   (2)   (3)

피드백

1. 문제해결 시나리오

- 부여된 과제의 수행 과정을 실험실습 보고서에 기록하게 하고 실습 과정을 확인한다.
- 부여된 과제의 수행에 필요한 유압기기 선정의 정확성 여부를 확인한다.
- 부여된 과제의 수행에 필요한 회로도 작성에서 기호 선택과 도면의 정확성 여부를 확인한다.
- 부여된 과제의 수행을 통하여 습득된 지식에 대한 명확히 인지도 여부를 확인한다.

2. 작업장 평가

- 과제 평가 전에 안전사고의 위험 요소가 없는지 최우선으로 확인한다.
- 수공구의 사용법을 명확한 인지 여부를 확인과 정돈 상태를 확인한다.
- 부여된 과제에서 요구하는 유압 기기의 선정에 대한 정확도 여부를 평가한다.
- 작성된 회로도와 설치된 과제의 일치 여부를 확인한다.
- 시험 운전하여 부여된 과제의 목표대로 작동되는지 확인한다.
- 과제의 전체적 배열이 결함추적에 용이하도록 설치되었는지 확인한다.

학습 정리

단원명 1 | 제어회로 구성하기

1-1 유압 장치 구성하기
- 유압은 작동 유체를 압축시켜 얻은 에너지를 사용하여 동력을 발생시키고 전달하여 기계 및 장치를 제어한다.
  유압 장치의 큰 장점은 기계나 전기 에너지에 비해 큰 힘을 낼 수 있는 점이다.
  또한 유압 장치 자체의 자동 제어는 한계가 있으나 전기, 전자 부품과 조합하여 사용하면 훨씬 그 효과를 증대 시킬 수 있고 전기식과 비교하여 크기가 작고 가벼우므로 관성의 영향이 적다.
- 유압 작동유는 유압 장치를 유효하게 운전시키려면 우선 적합한 작동유를 선택하는 것이 중요하다. 그래서 작동유로는 매우 질이 좋은 윤활유, 특히 유압기기용으로 제작한 기름을 사용하는 것이 바람직하다.
- 유압 동력원은 구동 모터와 유압펌프가 유압 탱크에 부착되어 있는 형태가 일반적이다. 유압으로 구동하는 시스템의 사용되는 압축유를 공급하는 장치로 유압 에너지를 발생하는 매우 중요한 부분이다.
- 릴리프 밸브는 가장 많이 사용되는 압력 제어 밸브로서 거의 모든 유압장치에 사용되며 회로의 최고 압력을 제한하는 밸브로서 회로의 압력을 일정하게 유지시키는 밸브이다.
- 실기 내용
  유압 회로에 동력을 발생시키는 유압 펌프의 특성과 발생된 압력을 일정한 크기로 조절하는 압력 제어 밸브(릴리프 밸브)의 특성과 기능을 실험할 수 있다.

1-2 유압 장치 제어
- 유압 펌프(hydraulic oil pump)는 전동기에서 공급되는 에너지를 밀폐된 용적을 갖는 실린더 등의 내부에서 기어나 베인 또는 피스톤의 왕복운동에 의하여 기계적 에너지를 유압 에너지로 변환하는 유압 기기로서 펌프 입구의 압력을 낮아지게 하여 오일을 흡입하고 이 오일을 펌프의 출구를 통하여 유압장치에 내보내게 된다.
- 유압장치에서 유체의 압력 제어, 흐름 방향의 전환, 속도를 제어하기 위한 유량 제어 등의 기능을 하는 유압 기기를 밸브라 한다.
  유압장치의 기능상 밸브의 선택은 매우 중요하며, 그 형식이나 구동 장치, 제어 능력, 크기 등이 고려되어야 한다. 또한 이들을 기능면에서 분류하면 압력 제어 밸브, 방향 제어 밸브, 유량 제어 밸브로 크게 나누어진다.
- 유압 액추에이터는 펌프에서 보내어진 작동유의 압력 에너지를 기계적 에너지로 바꾸는

유공압 제어3(유압제어)

기기이다. 유압 액추에이터는 직선 왕복운동을 주로 하는 유압 실린더와 회전운동을 하는 유압 모터로 구분될 수 있다.

유압 모터는 연속적인 회전을 하는 형태와 일정하게 제한된 각도 내에서 왕복 각 운동을 하는 것이 있다.

1-3 유압 회로 구성 방법

- 유압 회로는 정해진 유압 기호를 사용하여 도면 내에 적절히 배치하여 구성한다. 유압 회로 도는 기계 도면과는 달리 부품의 치수나 설치 위치를 나타내는 것이 아니고, 어떠한 기기들을 어떻게 상호 연결시켜 기능을 얻어내느냐를 나타내기 위하여 작성하며, 만일 유압 기기의 용량이나 치수가 필요로 할 때는 기호 옆이나 보기 란에 병기하는 경우가 많다. 이러한 기기류는 배관에 의해 연결되어 압력유, 즉 작동유는 밸브류의 조작에 의해 적시 적량이 보내져서 액추에이터를 작동시키는 것이지만 이 전부의 연결 상태를 나타내는 것이 유압 회로도이다.

1-4 전기 유압 회로 구성 방법

- 유압 기술의 목적은 유압 실린더 등의 액추에이터를 작동시키는 기술로서 일반적으로 유압 제어기술을 단독으로 이용하는 것보다는 전기제어와 연결해서 이용하는 경우가 많다. 자동화 분야에서는 순수 유압 제어방식에 비해 전기제어방식이 훨씬 많이 채용되고 있으므로 반드시 이해해야 한다. 전기 제어방식은 응답이 빠르고, 소형이면서 확실한 동작이 이루어진다는 점이 유압 시스템보다 장점이나 또한 전선으로 멀리 떨어진 위치에서도 원격조작이 간단하다는 이점이 있다.

그러므로 전기의 스파크에 의한 인화나 폭발의 위험성이 있는 장소를 제외하고는 전자 밸브를 사용한 전기 유압 제어방식을 많이 선택하고 있다.

단원명 2 시험 운전하기

2-1 전기 시퀀스 기초회로

- 시퀀스 제어계를 도면화 시키는 방법에는 실체(實體) 배선도와 선도(線圖)가 있다. 실체 배선도란 기기의 접속, 배치를 중심으로 나타낸 그림으로 실제로 회로를 배선하는 경우에는 편리하나, 회로가 복잡해지면 표현이 어려울 뿐만 아니라 회로의 판독에도 어려움이 있다. 그러므로 시퀀스의 표현에는 주로 선도가 이용되며, 이 선도에는 구조도와 기능도, 특성도가 있다. 또한 구조도에는 전개(展開) 접속도, 배선도, 제어대상 구성도 등이 있으며, 기능도에는 논리도, 블록도가 있다. 그리고 타임 차트나 플로 차트를 특성도라 하며, 우리가 일반적으로 시퀀스도라 하는 것은 대부분 전개 접속도를 말한다.

 학습 정리

2-1 솔레노이드 밸브를 이용한 전기 유압
  - 솔레노이드 밸브는 방향전환 밸브와 전자석(電磁石)을 일체화시켜 시키는 밸브의 총칭으로, 일반적으로 전자(電磁)밸브라 부르기도 한다.
  솔레노이드 밸브는 크게 나누어 전자석 부분과 밸브 부분으로 구성되어 있으며 전자석의 힘으로 밸브가 직접 변환되는 직동식과 파일럿 밸브가 내장된 간접식(파일럿 작동형)이 있다.

유공압 제어3(유압제어)

종합 평가

평가문항 1 수동 작동하는 4/2-way 밸브를 사용하여 유압 복동 실린더의 왕복운동을 제어하려고 한다. 유압 회로도를 그리고 각 요소의 명칭을 쓰시오.

(답)

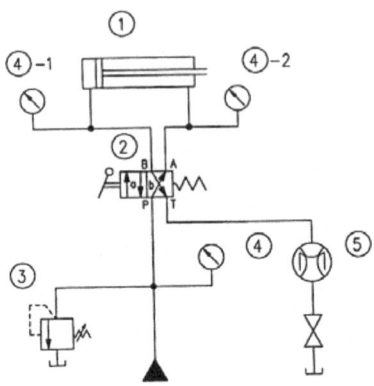

평가문항 2 유압 복동 실린더의 왕복운동을 4/2-way 한쪽 작동 방향제어 밸브로 한다, 전진운동은 푸시버튼 밸브와 밸브 1S1이 모두 작동하여야 한다. 후진운동은 전진운동을 완료하고 5초의 시간이 지난 후 후진운동을 하여야 한다.

(답)

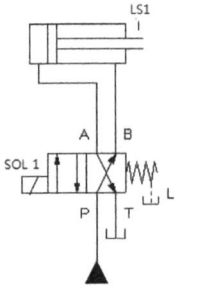 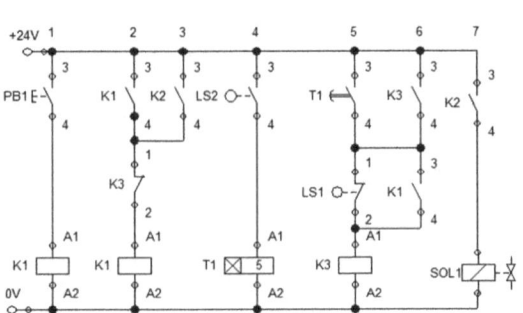

평가문항 3 유압 작동유중의 수분이 미치는 영향 3가지를 기술하시오.
(답) 윤활 능력의 저하, 밀봉작용의 저하, 금속 촉매작용의 활성화

평가문항 4 300톤 유압프레스의 유압 펌프를 가동하던 중 캐비테이션 현상이 발생하였다. 캐비테이션의 원인을 2개 고르시오

(답) 1. 스트레이너 및 흡입관로의 저항 등에 의한 압력 손실
2. 기어 이 사이의 불충분한 오일의 유입
3. 이의 물림이 끝나는 부분의 진공의 영향
4. 이끝원의 압력 분포가 일정치 않을 때

평가문항 5 크래킹 압력(cracking pressure)을 설명하시오.

(답) 체크밸브 또는 릴리프 밸브 등의 압력이 상승하여 밸브가 열리기 시작하고 어떤 일정한 양이 확인되는 압력을 말한다.

평가문항 6 압력제어 밸브에서 주로 발생하는 채터링(chattering)현상을 설명하시오.

(답) 릴리프 밸브 등에서 밸브 시트를 두드려서 비교적 높은 음을 발생시키는 일종의 진동현상을 말한다.

평가문항 7 " KS B 6370 2 1 LA 40 B 21 N 200 A" 로 표시된 유압 실린더가 있다. 밑줄 친 부분을 설명하시오.

(답) KS B 6370 : 규격 번호, 2 : 피스톤 패킹 재료(우레탄 고무),
1 : 로드 패킹재료 (니트릴 고무), LA : 지지 형식(축직각 방향 풋형)
40 : 튜브 안지름(40mm), B : 로드지름 기호(B),
21 : 호칭 압력(21MPa) N : 쿠션의 위치 및 유무(무)
200 : 스트로크 길이(200mm), A : 포트 위치

평가문항 8 복동 실린더 두 개를 각각 A, B로 할 때 A+, B+, B-, A- 의 시퀀스 회로를 만들고 시운전 하시오.

(답)

유공압 제어3(유압제어)

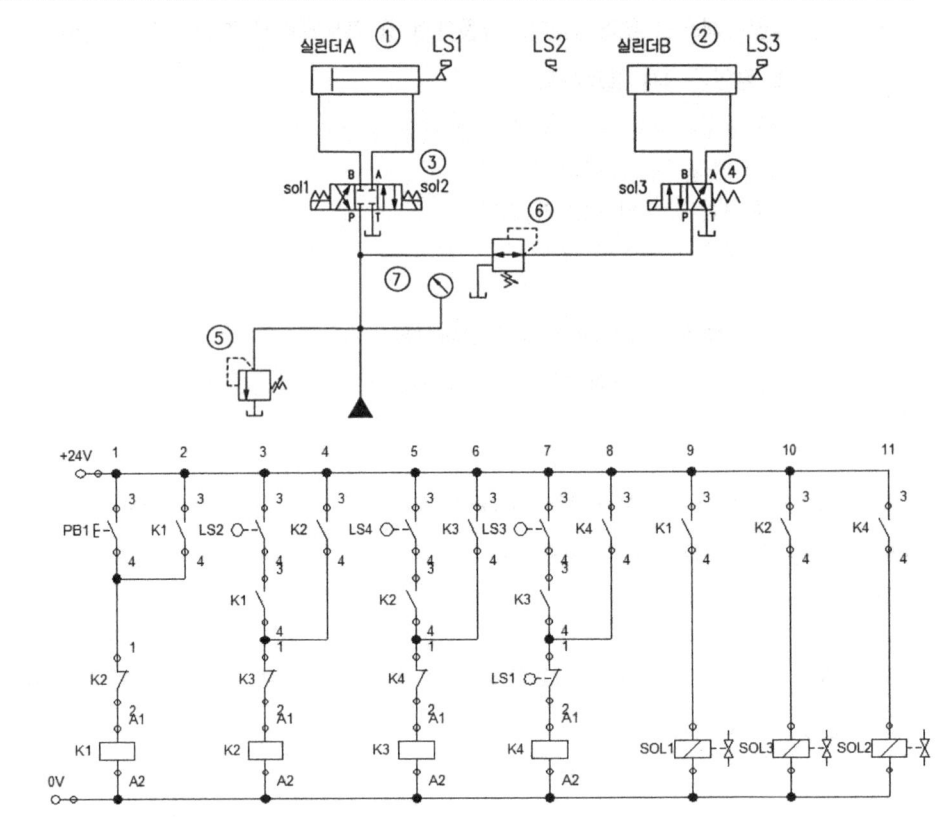

평가문항 9 시운전을 하는 절차에 대하여 설명하시오.

(답) 시스템을 시운전하는 것은 작성된 도면에 따른 부품을 준비하고 구조물에 부품을 설치하고 고정한다. 그리고 신호 제어부의 배선 작업을 하고 신호요소인 센서의 작동이 정상 작동을 확인하고 조정한다. 다음은 동력부의 배관 작업을 시행한다. 그리고 속도와 공급압력을 조절한다. 모든 배선과 배관이 끝나면 그 상태를 점검하고 동력을 공급하고 운전을 하여 동작 상태를 점검한다. 운전과 조정이 모두 끝나면 시험 성적서를 작성한다.

평가문항 10 전기 회로를 구성하는 4가지 기본 논리에 대하여 설명하시오.

(답) 전기 회로의 기본 논리는 접점의 특성과 배열로 나타낼 수 있다. a 접점 스위치와 부하를 연결하면 긍정(YES), b접점을 사용하여 부하를 연결하면 부정(NOT) 회로가 된다.
또한 접점 2개를 직렬로 연결하면 직렬(AND) 회로가 되고 2개를 병렬로 연결하면 병렬 OR)회로가 된다.

평가문항 11 유압 전단기를 사용하여 강판을 절단하고 있다. 가공 도중 이상을 점검해 보니 펌프의 흡입 불량으로 판단되었다. 펌프 흡입 불량을 판단하는 조사 방법을 3가지 이상 기술하시오.

(답) 1. 펌프축의 회전 방향이 반대인지 확인 한다.
2. 펌프축이 파손 여부 확인한다.
3. 모터와 펌프의 연결 부위의 정상 여부를 확인한다.
4. 관로의 막힘, 파손 등의 여부를 확인한다.
5. 스트레이너 등의 여과기의 정상 작동 여부를 확인한다.
6. 오일의 점도를 확인한다.
7. 모터의 회전수를 확인한다.

평가문항 12 유압 모터의 종류를 3가지 이상 쓰시오

(답) 기어 모터, 스크루 모터, 베인 모터, 피스톤 모터

평가문항 13 전동기의 기동, 정지, 솔레노이드 밸브의 조작에 이용되며 유압 신호를 전기적인 신호로 전환시키는 스위치는?

(답) 압력스위치

평가문항 14 밸브를 조작할 때 2개 이상의 방식 중 어느하나에 의하여 조작하는 방식은 ?

(답) 선택 조작

평가문항 15 가변식 전자 액추에이터를 설명하시오.

(답) 밸브의 개도 또는 교축 정조 등을 변화시키기 위하여 스풀의 미동량을 규제하는 조정기구

유공압 제어3(유압제어)

참고자료 및 사이트

1. 이상호(2006) "공유압
2. 훼스텍 유압 실험 장치 매뉴얼(2007)
3. 사이트 : 국가직무능력표준(www.ncs.go.kr)
4. 보시 렉스로스, 파커 유압, 비커스 유압 제품 홍보 카타로그

■ 집필위원
　이상호

■ 검토위원
　김영주
　김중

기계소프트웨어설계
유공압 제어3

초판 인쇄 2016년 07월 08일
초판 발행 2016년 07월 18일
저자 고용노동부 · 한국산업인력공단
발행인 김갑용
발행처 진한엠앤비
주소 서울시 서대문구 독립문로 14길 66 205호
　　　(냉천동 260, 동부센트레빌아파트상가동)
전화 02) 364 - 8491(대) / 팩스 02) 319 - 3537
홈페이지주소 http://www.jinhanbook.co.kr
등록번호 제25100-2016-000019호 (등록일자 : 1993년 05월 25일)
ⓒ2016 jinhan M&B INC, Printed in Korea

ISBN 979-11-7009-782-2 (93550)　　　[정가 19,000원]

☞ 이 책에 담긴 내용의 무단 전재 및 복제 행위를 금합니다.
☞ 잘못 만들어진 책자는 구입처에서 교환해드립니다.
☞ 본 도서는 [공공데이터 제공 및 이용 활성화에 관한 법률]을 근거로 출판되었습니다.